中国名门家风丛书

王志民 主编　　　王钧林 刘爱敏 副主编

安丘曹氏家风

赵红卫 著

人民出版社

总 序

优良家风：一脉承传的育人之基

王志民

　　家风，是每个人生长的第一人文环境，优良家风是中华优秀传统文化的宝库，而文化世家的家风则是这座宝库中散落的璀璨明珠。

　　历史上，中国是一个传统的农业宗法制社会，建立在血缘、婚姻基础上的家族是社会构成的基本细胞，也是国家政权的基础和支柱。《孟子》有言："国之本在家，家之本在身"，所谓中华文明的发展、传承，家族文化是个重要的载体。要大力弘扬中华优秀传统文化，就不可不深入探讨、挖掘家族文化。而家风，是一个家族社会观、人生观、价值观的凝聚，是家族文化的灵魂。

　　以文化教育之兴而致世代显贵的文化世家，在中华文明

发展史上，是一个闪耀文化魅力之光的特殊群体。观其历程，先后经历了汉代经学世家、魏晋南北朝门阀士族、隋唐至清科举世家三个不同发展阶段。汉代重经学，经学世家以"遗子黄金满籯，不如教子一经"的信念，将"累世经学"与"累世公卿"融二为一，成为秦汉大一统之后民族文化经典的重要传承途径之一。魏晋南北朝是我国历史上一个分裂、割据，民族文化大交流、大融合时期，门阀士族以"九品中正制"为制度保障，不仅极大影响着政治、经济的发展，也是当时的文化及其人才聚集的中心所在。陈寅恪先生说：汉代以后，"学术中心移于家族，而家族复限于地域，故魏、晋、南北朝之学术宗教皆与家族、地域两点不可分离"。隋唐以后，实行科举考试，破除了门阀士族对文化的垄断，为普通知识分子开启了晋身仕途之门。明清时期，科举更成为唯一仕进之途。一个科举世家经由文化之兴、科举之荣、仕宦之显的奋斗过程，将世宦、世科、世学结合在了一起，成为政权保护、支持下的民族文化及其精神传承的重要节点连线。中国历史上的文化世家不仅记载着中华文化发展的历史轨迹，也积淀着中华民族生生不息的精神追求，是我们今天应该珍视的传统文化宝库。

分析、探究历史上文化世家的崛起、发展、兴盛，尤其是其持续数代乃至数百代久盛不衰的文化之因，择其要，则

首推良好家风与优秀家学的传承。

优良家风既是一个文化世家兴盛之因，也是其永续发展之基。越是成功的家族，越是注重优良家风的培育与传承，越是注重优良家风的传承，越能促进家族的永续繁荣发展，从而形成良性的循环往复。家风的传递，往往以儒家伦理纲常为主导，以家训、家规、家书为载体，以劝学、修身、孝亲为重点，以怀祖德、惠子孙为指向，成为一个家族内部的精神连线和传家珍宝，传达着先辈对后代的厚望和父祖对子孙的诫勉，也营造出一个家族人才辈出、科甲连第、簪缨相接的重要先天环境和文化土壤。

通观中国历代文化世家家风的特点，具体来看，也许各有特色，深入观其共性，无不首重两途：一是耕读立家。以农立家，以学兴家，以仕发家，以求家族的稳定与繁荣。劝学与励志，家风与家学，往往紧密结合在一起。文化世家首先是书香世家，良好的家风往往与成功的家学结合在一起。耕稼是养家之基，教育即兴家之本。"学而优则仕"，当耕、读、仕达到了有机统一，优良家风的社会价值即得到充分的显现。二是道德传家。道德为人伦之根，亦为修身之基。一个家族，名显当世，惠及子孙者，唯有道德。以德治家，家和万事兴；以德传家，代代受其益。而道德的核心理念就是落实好儒家的核心价值观：仁、义、礼、智、信。中国传统

知识分子的人生价值追求及国家的社会道德建设与家族家风的培育是直接紧密结合在一起的。家风是修身之本、齐家之要、治国之基。文化世家的优良家风积淀着丰厚的道德共识和治家智慧，是我们当今应该深入挖掘、阐释、弘扬的优秀传统文化宝藏。

20世纪以来，中国社会发生了巨大的质性变化：文化世家存在的政治、经济、文化基础已经荡然无存，它们辉煌的业绩早已成为历史的记忆，其传承数代赖以昌隆盛邃的家风已随历史的发展飘忽而去。在中国由传统农业、农村社会加速向工业化、城市化转变的今天，我们还有没有必要去撞开记忆的大门，深入挖掘这一份珍贵的文化遗产呢？答案应该肯定的。习近平总书记曾经满含深情地指出："不忘历史，才能开辟未来；善于继承，才能善于创新。优秀传统文化是一个国家、一个民族传承和发展的根本，如果丢掉了，就割断了精神命脉。"优秀的传统家风文化，尤其是那些成功培育了一代代英才的文化世家的家风，积淀着一代代名人贤哲最深沉的精神追求和治家经验，是我们当今建设新型家庭、家风不可或缺的丰富文化营养。继承、创新、发展优良家风是我们当代人必须勇于开拓和承担的历史责任。

在中华各地域文化中，齐鲁文化有着特殊的地位与贡献。这里是中华文明最早的发源地之一，在被当代学者称

为中华文明"轴心时代"的春秋战国时期，这里是中国文化的"重心"所在。傅斯年先生指出："自春秋至王莽时，最上层的文化，只有一个重心，这一个重心，便是齐鲁。"（《夷夏东西说》）秦汉以后，中国的文化重心或入中原，或进关中，或迁江浙，或移燕赵，齐鲁的文化地位时有浮沉，但作为孔孟的故乡和儒家文化发源地，两千年来，齐鲁文化始终以"圣地"特有的文化影响力，为民族文化的传承、儒家思想的传播及中华民族精神家园的建设作出了其他地域难以替代的贡献。齐鲁文化的丰厚底蕴和历史传统，使齐鲁之地的文化世家在中国古代文化世家中更具有一种历史的典型性和代表性，深入挖掘和探索山东文化世家对研究中国历史上的文化世家即具有一种特殊的意义和重大价值。

自 2010 年年初，由我主持的重大科研攻关项目《山东文化世家研究书系》（以下简称《书系》）正式启动。该《书系》含书 28 种，共约 1000 万字，选取山东历史上的圣裔家族、经学世家、门阀士族、科举世家及特殊家族（苏禄王后裔、海源阁藏书楼家族等）五个不同类型家族展开了全方面探讨，并提出将家风、家学及其与文化名人培育的关系作为研究的重点，为新时期的家庭教育及家风建设提供历史的范例。该《书系》于 2013 年年底由中华书局出版后，在社会上、学术界都引起了较大反响。山东数家媒体对相关世家的家风

进行了追踪调查与深度报道，人们对那些历史上连续数代人才辈出、科甲连第的世家文化产生了浓厚的兴趣；对如何吸取历史上传统家风中丰富的文化滋养，培育新时期的好家风给予了更多的关注与反思。人民出版社的同志抓住机遇，就如何深入挖掘、大力弘扬文化世家中的优良家风，培育社会主义核心价值观，重构新时代家风问题，主动与我们共同研究《中国名门家风丛书》的编撰与出版事宜，在全体作者的共同努力下，经过一年多的努力，终于完成。

该《中国名门家风丛书》，从《书系》所研究的 28 个文化世家中选取了家风特色突出、名人效应显著、历史资料丰富、当代启迪深刻的家族共 11 家，着重从家风及家训等探讨入手，对家族兴盛之因、人才辈出之由、优良道德传承之路等进行深入挖掘，并注重立足当代，从历史现象的透析中去追寻那些对新时期家风建设有益的文化营养，相信这套丛书的出版会受到社会各界的关注与喜爱！

2015 年 9 月 28 日
于山东师范大学齐鲁文化研究院

目　录

前　言

　　山东安丘古属齐地，城域虽小，但也可以称为形胜之地。安丘距离青州府 160 里，距省城济南 500 里，距京师 1400 里，交通便利，山灵水秀，昔人称其处于浯水、汶水之间，宛如一个小都会。浯水和汶水自安丘县城西南流出，逶迤百余里，宛如玉带环绕，至城北与潍水合流，东赴大海，又有小泰山连亘于西南，使安丘一邑又犹如齐地中一小"齐"。安丘自姜太公治齐开始，即民淳事简，文物盛兴，历经时光流传，朝代更替，其民风固然有移风易俗之处，然而务农重学、重礼义、勤耕纫的民风始终无大变。安丘曹氏居于其中，深得山水之滋养，人文之润泽，一世祖曹德于明洪武初年奉牒由曹州，即今天的山东菏泽移籍安丘，以务农勤耕为业，自五世祖曹滕开始入学习儒，并获得了贡生的功名，这对曹氏来说，可是由务农到习儒的一个质的转变。从此以后，安丘曹氏遂由农耕之家而入诗书雅道，一直到清代晚期科举制度废止，曹氏家族代代业儒，书香日起而功名日盛，成为安丘县的名门著姓。安丘曹氏家族仕宦地域范围遍及大江南北，宦绩卓著，家族文化涉及文学、史学、经学、医学等各个领域，尤以文学著称，家族遗存文献非常丰富。安丘曹氏虽为旺族，但家族成员大都性格质朴，处世以诚，居家则父慈子孝，母懿垂范，兄友弟恭；居乡则乐善好施，轻财好义，济贫扶弱；出仕则勤政爱民，济世兴邦，忠贞为国。曹氏家族家风中包含着许多积极的因素，它们超越时空，对今天的精神文明建设与和谐社会的构建都有重要的启示意义。

一、家风齐家　家族隆盛

（一）兄弟进士 科宦起家

以科宦起家是山东世家大族的一个共同特征，曹氏家族的崛起与兴盛，也正是因为其科第连绵与仕宦发达。明清两朝曹氏一门出了 8 名进士，更奇的是，把曹氏家族带往鼎盛期的是两对亲兄弟进士：一是明代中期的第八世曹一麟、曹一凤兄弟；二是清前中期的第十二世曹贞吉、曹申吉兄弟进士。这 4 位进士是安丘曹氏最为杰出的代表，也正是因为他们，明代中叶和清前中期成为曹氏在科第和仕宦上最为盛隆的两个时期。明中叶，安丘曹氏家族共考中 4 位进士，其中就有曹一麟、曹一凤一对同胞兄弟进士。曹一麟字伯祯，一字伯礼，号瑞岩，明嘉靖己酉（1549）年举人，嘉靖三十五年（1556）中第三甲第 46 名进士，是曹氏家族第一位进士。

安丘东关曹家巷故居遗址（清代）

曹一麟的胞弟曹一凤，字伯仪，号翔宇，明嘉靖三十七年戊午（1558）中举人，嘉靖三十八年已未（1559）中第二甲第33名进士。兄弟二人先后中进士，使安丘曹氏家族走向兴隆，曹一麟中进士后官授苏州府吴江县知县，他在吴江县修桥铺路、广施教化、加固城池、击退乱兵，为吴江百姓所拥戴。曹一麟的弟弟曹一凤中进士后，初授南京户部湖广清吏司主事，历任户部员外郎、礼部精膳清吏司郎中、吏部考功清吏司郎中、河南按察司副使，也是个清正廉明的官员。曹氏第十世又出了两位进士：一位是曹铨衡，曹一麟的孙子；一位是曹廷辅，曹一麟的长兄曹一麒的孙子。二人既是堂兄弟，又是同榜进士。曹铨衡，字衷白，号鉴明，明天启元年（1621）顺天举人，天启二年（1622）中进士，历任北直宁晋县知县、河南汝宁府教授、国子监助教。任宁晋知县时，为民请命，不惧权豪。曹廷辅，字沧涛，号君弼，明万历三十四年（1606）举人，天启二年（1622）与堂兄弟曹铨衡中同榜进士，历任南直泗州盱眙县知县、礼部主事等职，官至正六品。明代中后期，约在明弘治至明天启年间，根据安丘曹氏族谱的记载，安丘曹氏家族五世至十世，共有男丁160人，其中有37人获取功名，占家族男丁总人数的23.8%，即每10个家族成员中，就有2至3人有功名。在获取功名的37名族人中，包括4名进士、1名举人、32名贡监生员。32 名贡监生员中属于五贡者 6 人。五贡是明清科举制度中对五类贡生的简称，包括：恩贡、拔贡、副贡、岁贡和优贡，这五类生员都是正途出身资格，也就是说可以直接通过甄选进入仕途。安丘曹氏五世至十世获得功名而且有直接出仕资格的这 4 名进士、1 名举人、6 名五贡生员，后来都出仕做官了，而且都是正途出身，绝对没有花钱买官做的现象。曹氏家族在起家之初，父子兄弟相继，一代代族人用自己的赤子之心，造福一方百姓，自第七世开始进入仕途，官职虽不显赫，但为政态度正直勤勉，刚正不阿，政绩卓著，在所出仕的地方，留下了勤政爱民的足迹，给后辈族人树立了榜样。

曹氏最为鼎盛的时期是清代前中期。清王朝建立之初的顺康年间，是安丘曹氏经历明清易代的科举危机之后再次崛起的关键时段。顺康年间，曹氏十二世曹贞吉、曹申吉同胞兄弟双双中进士，在清代初年骤然照亮了安丘曹氏家族的科举之路，他们不仅在科举仕宦上达到了家族最高峰，而且在诗词文创作上也代表了家族明清两代的最高成就，是三百年来其家族文化厚积而薄发的结果。兄弟二人受家族文化的熏陶，自幼便聪明灵慧，并立意于仕途。弟弟曹申吉（1635—1680），字锡馀，号澹馀，比他的哥哥曹贞吉早登科第，顺治八年（1651）中举人，顺治十二年（1655）第二甲第 55

名进士，钦选翰林院庶吉士。庶吉士是皇帝钦选的进士中特别优秀有潜质的人才，被选为庶吉士往往也意味着将来为官平步青云的机会大大增加。自明代起，庶吉士就有"储相"之称，庶吉士为期三年，期满考核成绩优异的留任翰林院，授编修或检讨，其他派任六部或地方官，曹申吉散馆后就被升为翰林院编修，充扈从日讲官，后转湖广下荆南道布政使司参议，迁河南睢陈兵备道按察司副使，内升通政司左通政晋大理寺正卿，升礼部右侍郎，祭告南岳，任壬子武会试大主考，转吏部右侍郎，改工部右侍郎，巡抚贵州并兼都察院右副都御史。曹申吉官位显赫，深得顺治帝和康熙帝信任，在贵州巡抚任上，曹申吉遭遇三藩之乱，被吴三桂所执，囚禁于云贵达七年之久，始终坚贞不屈，最终英勇殉国。曹贞吉（1634—1698），字升六，又字升阶、迪清，别号实庵，康熙二年（1663）乡试第一，清康熙三年（1664）以第三甲第 83 名联捷进士，授内宏文院中书舍人，历任江南徽州府同知、庚午科江南乡试同考官、户部广东清吏司员外郎礼部仪制清吏司郎中、甲戌科武会试同考官、丙子科广西典试副主考、湖广提学道按察司佥事。曹贞吉有 7 个儿子，个个能诗能文，文采风流，均为贡监生员，其中四子曹湛、七子曹涵又都考中举人，进入仕途，造福一方。四子曹湛，字露繁，一字季冲，号去疾，康熙二十年（1681）举人，任广东雷州府遂溪县知县。七子曹涵，字巨源，一字季和，号去逸，又号瞿园，雍正四年（1726）顺天举人，历任盛京奉天府益平县知县、锦州府宁远州知州、宛平县知县、昌平州知州、杨州府清军捕盗同知、淮南仪徵监制周知、扬州府知府、两淮都转盐运使司盐运使等。曹申吉的长子曹澐、次子曹淑、三子曹瀚也都获贡生功名，能诗善文。这种父子相继的科宦之路，在清代中后期仍然延续了家族的繁兴，十四世曹锡田，字建福，嘉庆甲子（1804）科举人，嘉庆丁丑（1817）科进士，历任湖北巴东县知县、兴山县知县，曹锡田在巴东江边设"帆下琴舫"，为民办案，在任期间整治贪腐、减免赋税、勤政爱民，是当地有名的廉吏，巴东人民赠送他的卧牛石至今仍在诉说着他的清名。十六世曹尊彝，原名曹纯一，号醴堂，一号荔塘，道光丁酉举人，道光二十四年（1844）甲辰会试第四名进士，授刑部主事，吏治清明。在曹氏鼎盛的清代前中期，曹氏家族约历五世，自十二世至十六世，家族男性人丁有2904人，其中270人获取功名，占家族男性成员的9%。大约每10位家族成员中，就有一位获取功名，包括进士4人、举人11人、贡监生员259人，其中共有50人出仕，占获得功名族人的19%。任官区域范围遍及湖南、湖北、河北、河南、贵州、安徽、陕西、山东、江苏、广东、辽宁等十几个省区，仕宦所在地逾大半个中国，其中入省府县各级地方志且有传的家族成员有 20 人次，曹氏家族历明清两朝，科举连绵，才人辈出，保持了曹氏家族科举仕宦的鼎盛和家族文化的源远流长，在齐鲁大地产生了广泛的影响。

（二）家学深厚　源远流长

曹氏家族起于田亩之间，先辈以务农为业，大多不识字，自五世祖曹滕开始进入县学习儒，并获取了贡生的功名，曹滕不仅重视科举制艺，还开始崇尚文学，创作诗词文赋抒发情志。六世曹光汉自幼聪颖，平日里对家里的农活不在行，却酷好读书，每天手不释卷，父亲曹滕对这个不谙家中农务的儿子，不仅不生气，反而经常欣喜地对别人说："我这个儿子将来肯定能继承我的志向，以文学显达于世。"七世曹汝励、曹汝勤，主要精力还是放在科举制艺上，因为对于一个刚刚以科举起家的家族来说，保持科举仕宦的连贯性是非常重要的，但他们同时也重视文艺，崇尚有余力则学文。六世曹光汉曾作《名说》教导儿子的品格修养，七世曹汝勤则编有《古士女八行》教育后辈，这些创作虽不是抒情言志的诗文作品，却体现了曹氏以立德为先、立言为后的家庭教育思想。先有良好的品德，才能建立利国利民的功业，才能有好的言论志向，这就为曹氏家学的形成打好了品格基石，曹氏文学一向是以思想端正、风格典雅为主要风貌特征的。到第八世曹一麟、曹一凤兄弟，已都有自己的诗文别集传世，文章事业逐渐成为曹氏的家学，兄弟二人的诗文风格承前启后，进一步巩固了曹氏的雅正文风。曹一麟诗歌学习唐代大历诗风，喜欢描写自然山水的恬静幽远之美，诗歌写得闲雅清丽，所作文章也是风格浑厚，不作浮艳之语。曹一凤的诗文同样不尚浮华。自曹一麟、曹一凤兄弟之后，曹氏代代有诗文集问世。明代中后期是安丘曹氏家族的文化底蕴积累阶段，家族中出了不少学养深厚的人，在齐鲁已有了一定影响，成就最大的就是明代末年十一世曹复植。曹复植不仅是一位英俊须眉，且天性仁爱，笃于孝友，平日里沉毅寡言，读起书来却聪颖灵透，过目不忘，十多岁就成为安丘县学的弟子生员，称闻乡里；青年时，更是诗名传播，与博山孙廷铨、淄川高珩齐名。孙廷铨，字枚先，清诗人，明崇祯进士，入清后官至康熙朝秘书院大学士，人称孙阁老。高珩，字葱佩，号念东，晚号紫霞道人，清诗人，明崇祯进士，入清后历任秘书院检讨、国子监祭酒、吏部左侍郎、刑部左侍郎。孙廷铨、高珩在清初诗坛都颇有建树，可惜曹复植却天不假年，在明清易代的战乱中丧生，可欣慰的是曹复植的两个儿子曹贞吉、曹申吉兄弟承父亲衣钵，使曹氏家学在清前中期达到顶峰。由明入清后，曹氏家族的家学终于由厚积而薄发，尤其在清代前中期的两百年间，诗、文、词、赋、史学、医学等各个领域均成就不菲，著作繁复，堪称文献巨族。尤其在文学领域成绩卓著，安丘曹氏有十余人入各级州府县志文苑传，留传给后世大量的诗文词别集，其中又尤以曹贞吉的文学成就最为突出，是清代顺康之际文坛上很有影响力的文人。曹贞吉诗词兼胜，诗歌气清力厚，情感真挚，风格遒劲，在清代诗坛上与嘉善诗人曹尔堪并称为"南北二曹"。在京师和宋荦、田雯等唱和，在当时被称为"金台十子"。他的诗集《黄山纪游诗》、《朝天集》、《鸿爪集》等在清初诗坛好评如潮。词更是曹贞吉创作成就最高的一种文体，清代山东名士张贞说曹贞吉"诗文妙天下，间倚声作词，遂夺宋人之席，近吴园次有《名家词选》，即用压卷，流传江左，一时皆推为绝唱"。清词人李符则把曹贞吉推为"东鲁词人第一"。《四库全书》在词别集一类收录词人别集，清代词人就只收了曹贞吉《珂雪词》一种，曹贞吉以杰出的词学成就奠定了他在清初词坛的地位。词这一文体在曹氏家族文学创作中也占有非常重要的地位，而渐成其家学成就突出的一方面，安丘籍诗人诗歌总集《渠风集略》选录九位词人的词作，其中有五位词人曹一凤、曹贞吉、曹霖、曹瀚、曹曾衍都出自安丘曹氏家族。曹贞吉的胞弟曹申吉文名为事功所掩，但其为文，清通粹美，尤长于诗歌，著有《又何轩诗集》、《澹馀诗集》、《南行日记》、《黔行集》、《黔寄集》等诸多诗文集，在贵州巡抚一任又主编《贵州通志》若干卷行于世，代表了安丘曹氏在史学上的成就。曹贞吉曹申吉兄弟如双子星座，光耀了曹氏门楣，也照亮了清代文坛。曹氏兄弟的诗词成就在清前中期直接引领了曹氏后辈的文学创作，在兄弟二人的教诲下，他们的儿子个个能诗能文，其中特别突出的如曹贞吉次子曹霖，字掌霖，一字仲益，号去浮，入郡志文学传，著有《枣花田舍诗》、《冰丝词》、《黄山纪游词》行世，词风劲健，颇具其父风范；四子曹湛亦于家学多所承继，平日著文笔酣墨饱，千言立就，有诗集《粤游草》。六子曹瀚，字幼旬，号去病，又号雪舫，著有《雪舫诗词》，入郡志文苑传；七子曹涵，字巨源，一字季和，号去逸，又号瞿园，著有诗集《瞿园集》；曹申吉的幼子曹淑，字湘邻，庠生，亦能诗，存世作品有《虫吟草古近体诗》、《虫吟草诗馀》，曹氏兄弟和他们的儿子把曹氏家族文学创作的花园装扮得花团锦簇。

安丘曹氏家族历代重视对子弟的文化教育，因为只有如此，才能保持家族在科举功名上的成功，保持家族文化的持续兴盛。至清中叶随着安丘曹氏家族文化底蕴的日益丰

序

唐以詩取士初盛中
晚作者亡慮數千百
家故其間古調新聲

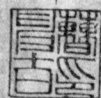

曹申吉自記

序

一

清刻本曹申吉《澹餘詩集》

清詞四家錄一

曹貞吉珂雪詞

御街行　此柳永第一體下片州字葉押儂葉叶四

和阮亭贈雁

寒蕪極目連三楚雁陣驚相語一虅長笛出高樓渺

斷雲天暮江深月黑霜寒人靜獨自衡蘆去遠

峰拾是衡陽數宗窴瀟湘雨無端孤客眾先聞嘹嚦

亂帆南浦雙影橫空相逢何處紅蓼洲邊路

滿江紅

金臺懷古

曹贞吉《珂雪词》

厚，在长期形成的诗词文赋家学传承之外，又兼涉史学、文字学、音韵学、金石学等诸多文艺技能领域，从而使曹氏家族的文化底蕴更加丰富厚重。十四世曹文田，字华圃，一字芸斋，为文独抒胸臆，不事揣摩，这种风格与刻板的八股文格格不入，所以屡试屡败。随着曹氏家学的丰厚，实现对家族发展的贡献除了科举之外，承继和发展家学也成为一条可行的道路，于是曹文田索性退而纵览群籍，不再参加科举考试。曹文田在创作诗文之外，又尤精于历史，对中华文化上下数千年治乱得失之因由，悉心追究其所以然。精于字画古董鉴别，对书法、名画、彝鼎之类，过目就能辨识其出产年代，他所收藏的作品真迹最多，收藏家无不服其精审。另外，曹文田又雅善围棋，春秋暇日与朋友垂帘沧茗，静对一枰，欣然忘倦，著有《学弈会心》四卷，为世人所看重，曹文田的博学广识在一定程度上又开拓了曹氏诗词文赋的家学传统。十四世曹庚，能诗文，著有《天竹馆诗》，又工篆刻，不事应酬，性嗜翰墨，曾购前贤名家作品数十种，潜心玩味，力求篆刻字体的美观创新，他曾对人说："仿别人字形那是字奴。"因为有这样不拘一格的创作理论，曹庚所作书法不名一家，无日不书，书则无一笔轻率，他年逾七旬时，还能写完美的小楷字。凡是自己欣赏喜爱的书，一定亲手装订，为之句读。曹庚还精通古玩鉴别，著有《历代钱币考》。到了晚年，曹庚又博览医书，而专精痘疹，遇到痘疹疫情，求医的人接踵而至，曹庚则一一善待，施药济贫，施惠一方。曹庚的博学大大地丰厚了曹氏家族文化积累。十五世曹镮秉承家学，工古文诗词，也以文学成就入安丘县志文苑传，他同时又精通古文字，印谱、篆刻，并学有所专，著有《官梅阁诗集》、《字辨》、《象佩印存》。十六世曹元询，嘉庆辛酉科举人，以文名入道光安丘新志文苑传，年少时读书，过目不忘，博览群书，深于经世之学，又精通水利，著有《山左水利策》，爱好古书、法帖、名字、善画，见到心仪的作品则无不多方购求，卖田卖地也毫不吝啬。安丘曹氏也非常重视史志的整理与编撰。明嘉靖年间，曹一麟由进士授吴江知县，曾主修明嘉靖《吴江县志》二十八卷。康熙年间曹申吉在贵州巡抚一任主修《贵州通志》，是贵州地方史志的重要历史文献之一。在历代安丘县志的撰修中，常能见到安丘曹氏家族成员的积极参与，曹申吉曾为《康熙续安丘县志》作序。十六世曹尊彝，曹辉吉长孙，道光二十四年（1844）甲辰科殿试二甲进士，授刑部主事，公务之余，肆力于诗古文词。曹尊彝有感于至清王训续修康熙安丘县志之后，两百余年，安丘县没有续志，遂以续修乡邑县志为己任，平日征文考献，网罗放矢，为续修安丘县志做准备。但不幸因天不假年，而志愿未了，虽事未成，但其心志却足以令人感念。曹尊彝这种保存家乡文献的责任感和主动性亦为曹氏后人所承继，民国《续安丘新志》的撰修中，安丘曹氏家族曹叔智参与协修，曹北海、曹绳纬参与采访，曹叔仁参与校对等，不仅出力而且出资，曹氏在史学上的贡献也成为其丰厚家学的绚烂一面。

曹氏家族成员把深厚的文化涵养形诸文字，随着家学的传承和文献的积累，整理保存先辈的文献遗存也成为后世族人主动继承家学的方式之一，清中后期安丘曹氏经历了清初以曹贞吉及其兄弟子侄为代表的家族文学创作的繁荣之后，虽然曹氏文学成就已大不如前，但以曹元询、曹尊彝、曹桂馪等人为代表，仍保持了曹氏家族文学创作的兴盛，而且他们又以强烈的家族意识完成了对家族历代成员文学创作的整理保存。十六世曹尊彝为收集整理曹氏家集做了很大贡献。在曹尊彝之前，曹氏还没有人有意识地收集家族著述，以致许多先人的文献迭经兵火，遗失良多，曹尊彝把安丘曹氏第五世祖以来的所有著述，从明中叶到清后期，旁收博采，凡是所能收集到的，一一抄存整理，详加校正，汇成十二卷，名之为《安丘曹氏家学守待》，正当曹尊彝要付之刊刻的时候，书稿却不幸在捻军之乱中毁损惨重。不幸中之有幸是曹尊彝的儿子曹桂馪和父亲一样，也非常珍惜先人遗稿。曹桂馪，字仲芳，号小堂，自幼秉承家学，学养深厚，他把父亲整理遗存的文稿，亲手抄订，再广加搜求，凡族人家中有先人遗稿，就依样抄成，现在存世的《安丘曹氏家学守待》清刻本及清抄本，其中抄本部分绝大部分由曹尊彝曹桂韫父子抄存，这一部分文献资料保存了安丘曹氏家族诸多未及刻版的曹氏作品，是弥足珍贵的文献资料。民国年间石印本安丘曹氏家谱中记载曹氏家族共有 73 种作品著作，留传至今的曹氏家族著作文献除了《家学守待》，还遗存有曹贞吉、曹涵、曹淑撰《曹贞吉父子诗稿》三种六卷，山东省博物馆藏清稿本；曹师彬等撰《安丘曹氏家集》八种九卷，山东大学图书馆藏清钞本；民国二十二年石印本《安丘曹氏族谱》则记载了曹氏第一世至第二十二世的谱系资料，存有曹氏家族成员大量的碑铭、行状、族人小传，包括族规、族训等内容，安丘曹氏遗存的大量文学文献资料，如瑰丽的百花园，芳泽逸韵，泽被后世。

（三）慎终追远　祖泽绵延

曹氏家族自明中叶以来，就科第连绵，仕宦显达，但曹氏家族能维系明清两朝的兴盛，不仅是由于科举仕宦的成功，更重要的是安丘曹氏家族历来重视家风传承、人品修

《安丘曹氏族谱》封面

原夫家之有譜也所以明統系別尊卑崇禮讓將以椎原祖德而
毋訓象賢也吾曹之得氏肇於振鐸之錫土厥後支分派析代為
華族矣其在安邱明以前無可考洪武間始祖諱子敬者占籍邑
之連池里遂世稱安邱人以農為業粤三世而遷邑居以偏顯
世習尚書家言自明迄今僅三百年登甲第者五人鄉舉一人明
經十四人其秀者多成博士第子樸者率習末耜力穡無操奇贏
稱商賈者可謂邑之著姓矣而族譜不傳宣從前皆闕而未修興
柳既修而或散失藤墜興傅之後世其何所取舊焉且懼夫邑之
非吾族者得重誣其先人而亂吾宗也予里居之暇博詢諸大父

《安丘曹氏族谱》序

为。他们订立严格的家训族规，并一以贯之地执行下去。为传承家族门风和家学，曹氏家族不论是在太平盛世，还是在易代乱世中，都把振兴家业、传承家学视为己任，代代相传，始终不忘自己作为曹氏家族一分子应承担的责任，修谱续牒、祭祀祖先的活动，一直是曹氏极为看重的对家族成员进行慎终追远美德教育的一个重要途径。

安丘曹氏自康熙二年（1663）修族谱始，此后大约每历两代左右就续修一次族谱，历康熙五十六年（1717）、雍正十二年（1734）、乾隆二十年（1755）、乾隆五十二年（1787）、嘉庆十三年（1808）、嘉庆二十一年（1816）、道光二十五年（1845）、咸丰六年（1856）、同治十一年（1872）、光绪三十年（1904）和民国二十二年（1933），安丘曹氏家族共 12 次修撰族谱，现存民国二十二年（1933）石印本族谱，包括家族源流世系、族训宗说、诰命敕文、行状、志表、列传、著作等，向后人展示了一个家族繁衍生息、丰富多彩的历史发展图卷，这一珍贵的文献遗存是曹氏留给后世的宝贵遗产。曹氏能一直保持修谱祭祖这一家族传统，是因为有历代族人的珍视和努力。如清光绪年间，相对于清前中期的兴盛，曹氏家族也随国运呈式微之势。光绪三十年，距上次同治十三年曹氏修族谱又有三十余年了。十五世族人曹寿镜感慨曹氏当下支派益繁，能读书识文的族人又大不如前了，家祠年久失修，年谱亦多年未修。于是曹寿镜自觉负起修谱敬宗的责任，倡议族人集资修祠堂，亲自找来工匠，监督施工。又主持续修族谱之事，召集族中朴实能文的人共谋其事，一干人背着干粮，走街串乡，收集信息。正因曹氏一代代族人的共同努力，曹氏修族谱的活动才延续几百年传承不辍。安丘曹氏通过修谱续牒追述家族渊源，记叙家族中杰出人物传记事迹，以激励后辈子孙发愤图强，光宗耀祖。人言木有本，水有源，一个家族更要明支系，知尊卑。家族支系明，则后辈能知敬祖；尊卑有别，则族人能知宗族亲睦之理；由此族中人才能崇礼让而尚忠厚，上下有序，大小相维，敦亲睦邻而少乖戾之习，自然而然生成仁厚之家风。修谱续牒对传统世家大族来说，一方面是一姓之家族活动，为修身齐家所必需；另一方面，在家国一体的封建治国体制中，其意义又不仅限于此。古人云忠臣出于孝子之门，在家知敬祖，敦亲睦，入世则上忠国君，下恤民生，重伦纪而厚风俗。安丘曹氏族谱不仅为后人留存了珍贵的文献资料，更在家族发展过程中成为教化族人的一种重要家族教育方式。

敬宗祭祖的活动在今天居于安丘的曹氏后人中仍然存在。每逢麦收时节，要把收成的新麦子做的面食先拿到祖坟祭拜过先人，再自行食用。逢春节，由族人专门安排能识字、知礼仪者请出先祖牌位，按世系序列排好牌位，族中长幼按辈分次序列队到祠堂祭拜。这种敬宗祭祖的庄重仪式也是渊源有自的，是安丘曹氏通过祭祖教育族众的重要方式之一。曹氏先祖对敬宗祭祖的活动一向非常重视，曹氏起家之初，八世祖曹一麟曹一凤兄弟，严格遵行《宗说》中所定族规族训，每月两次组织族中长幼聚会，逢岁时节日，则率族众祭告于祖茔之侧，家族祠堂中设先祖牌位，始祖居中，以下父子兄弟递为昭穆，按次排列，族人按长幼尊卑之序排列行礼，凡族人聚会座次也同样按序列座，行孝悌礼义之道。曹氏后辈很好地承继并遵循了这一点，诸如十四世曹赓自己平日生活俭约，然而每逢祭祀，则祭品必求丰富洁净，遇四季时鲜，必先祭祖而后食。十二世曹贞吉的夫人王太恭人，出身世家，娘家也是安丘邑中显姓，嫁给曹贞吉后，虽为主妇，家中亦有仆佣做事，但每遇到春秋祀祖及先祖忌日，王太恭人必定亲自洗涤祭器，检点品物，满心虔诚，家中儿子、儿媳妇、仆佣办事稍有不敬心虔诚的地方，王太恭人就感觉简慢了先人，终日难以释怀。曹氏对于先祖世代功业的追溯，包含着强烈的家族意识，曹氏家族虽没有公用的祭田，但曹氏族人对于祭祖之事总是积极从事。比如十六世曹大章，主持祭祖事宜五十余年，春夏秋冬无不以时鲜食品祭献，从不敢随意缺失，族中的堂兄弟及诸子侄家中但凡有因故不能完成祭祀的，则出手相助。曹氏的祭祖活动强化了后人的家族意识，增强了家族的凝聚力，先辈的事功德行也在冥冥中激励着后人砥砺行止，传承家业。

对先祖的敬重和家族意识不仅体现在祭拜仪式上，曹氏家族文献遗存丰厚也得益于曹氏后人的敬祖，他们对先人的遗物也是珍视非常。十四世曹赓非常珍惜前人手泽，把所能收集到的先人遗稿全部装潢成册，收藏起来。明中叶曹应声曾撰《训儿小说》，经明清易代，原版被毁，曹赓打听到其他姓氏家族中有藏本，就购买回来重新刻版。曹氏家族文学成就最高的十二世曹贞吉，其作品除部分刻印传世外，又有很多作品没有刊刻问世，多有散佚，十五世曹寿镜到处网罗曹贞吉散佚的作品，抄录成帙收藏。唯有如此，曹寿镜才心感释然，觉得自己无愧于先人了。曹氏家族现存家集《安丘曹氏家学守待》，包含历代曹氏族人作品的清刻本、清抄本、清稿本，能有这样浩繁巨制的文献遗存存世，可以说其中也充满着曹氏后辈对先人的祭告追怀之情，敬宗收族之意。

安丘曹氏起家于垄亩之间，先祖本不通文墨，但最终能成为仕宦发达，家学丰厚的文化世家、名门著姓，靠的正是曹氏族人对家族文化传承的使命感和优良严谨的家风承继。曹氏的优良家风，在安丘一邑，一度声望显赫，对当地民风产生了积极的影响，直到今天仍然对淳正民风有着积极启示。

二、尊族规　严家训

曹氏家族仁孝传家的优良家教门风，奠定了曹氏家族兴旺的底色。安丘曹氏家族成员维系家学门风的责任感和主动性，是曹氏家族历明清两朝而兴盛不衰的主要原因之一。他们有强烈而自觉的家族意识，为维系和传承家学门风，不仅对后辈子孙耳提面命，身教为范；而且拟定家训族规，让族人能够认同家族文化，以传承门风、不坠家声为己任。更难能可贵的是，在时局动荡、朝代更易之际，安丘曹氏家族仍能砥节砺行，传家训，正门风，既不随波逐流，丧失品格，又能勇于任事，与时俱进，完成了家族在易代之际的顺利过渡，成就了家族的长期兴盛。

安邱逢池曹氏族譜總目

宗說

序

宗辨

辨謬

雜記

續修凡例

表

卷之一

譜叙

《安丘曹氏族谱》总目

（一）曹一凤《宗说》立族规

中国传统体制中的家族往往是小农经济下以宗法血缘为纽带而维系的社会结构。当一个家族有一定的发展之后，一方面家族成员众多、良莠不齐；另一方面家族中不同家庭的经济状况、受教育状况也开始出现差距。为了维持家族的向心凝聚力，规范家族内部尊卑长幼的伦理秩序，在生产生活、受教育条件等各个方面为家族中的不同家庭提供调节和保障，世家大族往往制定家训族规，规范家族成员的品德行为，以其中承载的家族文化精神内涵育化子弟后辈，达到提升家族成员素质、传承家风、团结族人的目的。安丘曹氏八世祖，同时也是安丘曹氏第一代进士的代表人物曹一凤，以强烈的家族意识立《宗说》，定族规，一则警戒后辈谨记先辈创造祖业的艰辛；二则为族人制定立德立名的言行规范。

曹一凤《宗说》立族规云：

> 吾将修族谱，立宗法议诸二兄，请于吾父叔及诸宗人之长者以与吾诸子弟约，若曰凡为吾家子若孙者，其知吾祖宗造业之艰辛乎？

谱勒以荣　　　祖德而外傳則仍之世系
若恩次行狀次誌表列傳著作以昭
分為上下兩卷傳以小序而各體則蟬聯而下以防錯亂非政
往意更張也第依類編次以俟後人之繼揣云爾
乾隆五十九年歲次甲寅孟春穀旦十五世彝謹識
吾譜於乾隆癸卯之修共為八卷而世系居其二合於上六
卷皆仍其舊惟世条上下兩卷以支泳日衆添丁日多不得
不行其卷數分為六卷合上六卷共為十二卷
道光甲辰小至日十七世彝謹識

宗說　　　　　　　　　　　　　　　　副使公
吾曹氏起家貢賤先世不學識字遂不能傳起家八世以上蓋
不可考門吾先氏所記梅為鼻祖者始以洪武初年吾祖遷
為連泄地曹氏之居為又二世而至吾高祖始以都里之役別居吾
邑之東關南巷即今所居之兩第也而吾高祖命今尊祖就學學有所得
有膽略個懷不羁故自其身至吾祖父皆以文學德行者名色
郡俱應歲貢為國子監生則又為吾家文獻之始祖馬七八傳而
壹春光弟涵諸子若蛭羣蓋戴二百年其徙居吾邑則百四五十
年英其中里居散姓視吾家為衆微外寫每歲吾祖行卯之應
歷而散蓋不可勝臺也有氏而無復奇為有移而他居者為有首

曹氏八世曹一凤所著《宗说》

曹一凤与兄长、父辈、族中诸长辈相约修族谱、立宗法，其目的在于使族中子孙知先辈创业立家之艰辛。家训族规是族人共同协商约定的规范，一旦成文，就会对家族成员形成很强的监督力和约束力，从而对族人砥砺行止、兴盛家业起到积极的激励作用。

> 各孝尔父母、各敬爱尔兄长、各畏官法、各睦宗族，信朋友、顾贫穷、恤孤独、崇谦逊、尚节俭、谨言语，培养仁厚之风。毋酗酒、毋溺色、毋好斗、毋欺证、毋崇邪教、毋幸人之危、毋听妇人之言而伤骨肉之心。各勉力去恶从善，以保尔先业。

安丘曹氏族规首要的一条，就是要求族人培养美好品行，去恶从善。强调要孝敬父母、敬爱兄长、敬畏国法、宗族和睦、对朋友守信、顾念贫穷、体恤孤独、为人要谦逊、生活尚节俭、言语要谨慎，从而培养起仁厚之门风。族人应勉力去恶从善，在族规中突出强调不要酗酒、不要沉溺声色、不好斗、不欺骗、不崇邪教、不乘人之危、不要因嫌隙而伤骨肉之情。这些箴言警句，语重心长，时至今日，读之仍令人不禁反躬自省，深思其中至理。

子弟七岁以上者，使从学，学不期仕，期于明理，使知吾家创业艰苦之由，与夫所以保守之道以为敬身立业之本。学而有用者，有司举之则仕，仕不期大官，毋欺君，毋怀利，毋伐功，毋挤僚辈，毋党上官而草视庶民。其居家也，毋嘱托官府。

读书明理是提升家族成员素质、修身养性的重要途径，曹氏族规中规定，曹氏子弟七岁以上的，则令其入学学习，读书不仅仅以"学而优则仕"为目的，而是期于明理，通过读书，知晓敬身立业之本，明白祖先创业的艰苦与保守家业的道义。能学而优则仕者，不以做大官为目的，而要做到为官一任，不欺君、不谋私利、不伐功矜能、不排挤同僚，不媚上级而轻视庶民。为官者在乡里，要做到不侵扰地方公务。

学不通方者，退而归诸农，农为力本，尽其力以责效于天，毋争畔，毋期邻，毋隐丁田，毋食君之粟而不入其供。然或农事不可以资身，则贸易之事如胶鬲宁戚百里奚之徒，古之人有行之者矣。须择其不大害义损人利己者为之。毋贪重利，毋履险途，毋习为市井之态而不良。

31

曹氏家族以读书为尚，但读书而不能领会变通者，则退而以农耕为业，先人自古本就是以农为本，至若收获则需尽人力而听天命。不要与乡人争地界，不要欺凌乡邻，不要对朝廷隐瞒人丁田亩，要做到食君之禄，分君之忧。如果农事仍不能满足衣食之需，则可以从事贸易之事。虽言农为力本，但先贤如商纣王时的大臣胶鬲曾以贩鱼、贩盐为业，春秋时秦穆公的贤臣百里奚曾以牧牛为业，春秋时辅佐齐桓公的宁戚曾为人挽车谋生，古之圣贤亦行商贸之事；故曹氏族人也可在读书、农事难以成就的情况下从事贸易，但须选择其中不害义、不损人利己者为之。即使从商，也不要贪重利，不要履险途，不要习惯为市井之态而丧失善良本性。

古者以匹夫而化乡里，凡我族人，宜共敦雍睦，以为吾邑之倡继。

和睦宗族，化育乡里，匹夫有责，这是先贤们推崇的至理，凡安丘曹氏族人，更要有敦亲睦邻的责任感，以使宗族和睦、乡邻和谐。

自今某日以往，每月朔有会，会以菜，以酒肴，菜自二三品以上，随家丰俭，丰者亦不得过侈，富者再举三举四举五举，贫者一举，各赴宗子之家。酒数行，使幼者歌诗，或说古书一二段，或讲故事几条，必择其有关家道，和睦乡邻，及不忘天地君父之恩者，令通俗敷衍，使人易晓，兴起善念，且以考幼者之所学。因而论家事以及外亲之家，或议其所欲行，或察其所不足。孕独无依者则助之，婚葬无力者则助之，好学无资者则助之，助之不给且频与之，各称其力。

为了凝聚族人向心力，共同推进家族的兴盛发展，曹氏家族规定了严谨可行的家族活动规则，每月初一族人聚会，备以菜肴，菜肴的丰俭随主持承担人家的丰俭而设，但家境富裕的人家也不得过于奢靡。家族中富有者主持举办家族聚会的次数要多一些，可以承担两三次，也可以四五次，家境贫困者主持举办家族聚会的次数适当少一些，但至少也要承担一次。聚会地点则设在族中嫡系长房嫡长子家。聚会内容亦有定例，酒过三巡，则考查族中小儿女的学业，或吟诗；或说一两段古书；或讲几个故事，内容或有关家道兴盛，或关于和睦乡邻，或关涉天地君父之恩。总之，要能用通俗明白的话语，敷陈其义，以兴起善念。席间，亦会论及家中及外亲诸事，或谈谈个人、家庭近期要做的事情与计划，或评议之前所言所行的不足之处。有孕独无依者、婚葬无力者、好学无资者，则族人共同商议资助。一次资助不能解决问题，则再予协助，以能使族人各尽其能、各得其所。

　　毋德色，毋谇诟，有犯之者，众共刺之。又置记德行过恶簿各一扇，宗子掌之，凡宗人行事善恶有可记者，必集诸族人，告之宗庙而书之。尊者加以言，卑者则以赏罚之法加焉，量其事之轻重大小，听其自赎。先德而后过者，以过而准德。先过而后德者，以德而掩过。过小而德大者，以二三而抵一。德小而过大者亦如之，尚辨也。小者缘会以记，大者不时，不欲其琐也。以德而掩过者除，以过而准德者不除，纪善而忘恶，许其自新也。每季之末，共占其簿，课其善恶之多寡而劝谕戒饬之。年终则总课而封纪之。择诸族人之长而且贤者一人以为族师，凡诸联属责成之道悉属焉，其过多而不能掩者，垂涕而戒之。至于一年至于二年三年而不改者，则摈之不得入宗庙。十年而不悛者，则恶矣，于是绝之。不幸而有忤逆背乱罪大恶极者，则古人有挝杀之典亦可仿而行之。呜呼！凡我族人，皆我祖宗之裔，骨肉之亲无或不肖而至于自绝也，亦听之哉！

安丘曹氏族规尤其重视和强调家族成员的德行修养，族规中要求族人勿德色。德色，就是指自以为对人有恩德而表现出来的得意神色。勿德色，即要求不要因有德于人而自负尊贵。勿詈诟，即不要随意责难辱骂他人。如果族人有违于此，则族中众人都有义务和责任加以指责纠正。族中置德行簿、过恶簿，由族长执掌，凡族人行事善恶有必要记录下来的，则召集诸族人，告之宗庙，写在德行簿或是过恶簿上。辈分高的人做了善事，则嘉之以言，做了恶事，则责之以言；辈分低的人则善者嘉奖，恶者惩罚。所犯过错，根据其事之轻重大小，令其自赎其罪。先有德行而后有过错的，以其过错折抵其德行；先有过错而后有德行的，以德掩其过。过小而德大的，以两三件小过错抵一件善事。德小而过大者亦如此，以做到明察秋毫、赏罚分明。小德小过逢族人集会记录，大德大过则随时记录，以免单纯因为记这些事情而使族中事务变得琐细。以德掩过者，就在过恶簿中消除对其过错的记录；以过错抵折德行的，则不在德行簿中消除对其德行的记录。这样做，是希望族人能够扬善而忘恶，让有过错的人能够自新。每季度末，族人共同核审德行簿和过恶簿，考核族人在簿中所记录的善恶多寡而进行劝谕戒饬。年终则进行总的考核，再把一年度的德行簿、过恶簿封存归档。又选择族中一位年长而贤德的人为族师，把过恶簿中的过错、责成记录悉加归类，其中过错记录过多而德不能相掩的，则垂涕告诫，希望其能改过。至于一年甚至两年三年都不能改过的，则摈弃使之不能入宗庙。十年而不知悔改的，则断绝其宗亲关系。如果不幸有忤逆背乱、罪大恶极的族人，则古人挝杀之典也可以效仿行使。族中成员本来都是祖宗后裔，然而有不肖子孙因为自己的不义之行而被弃绝的，亦只有听之任之。曹氏族规中用德行簿、过恶簿来嘉奖惩戒族人，是非常值得借鉴的，但因为历史的局限性，曹氏族规中诸如对族人因过错严重而绝断宗亲关系或挝杀等惩罚方式，显然与我们当今的法律法规不相符，是应当辩证看待，乃至摒弃的观点。

曹一凤《宗说》所言族规表现了一个新兴世家大族奋发有为的振兴气象。曹氏家族在兴盛的早期阶段就表现出非常强烈而主动的家族意识，除了八世祖曹一凤的《宗说》，在曹氏家族兴起的阶段即明中叶，又有六世祖曹光汉《名说》、八世祖曹应声《训儿小说》，都曾订立家训族规以规范族人言行，而且效果显著。曹光汉平生孝友忠信，笃行师古，居家不贵蓄积，唯敦尚礼教，他曾作《名说》教导儿孙，显然成效显著，两个儿子曹汝勤、曹汝励皆以文学德行著名乡里。孙子曹一麟、曹一凤更是兄弟双进士。八世祖曹应声曾作《训儿小说》一书，因年代久远，书已失传，安丘名士张贞却记载了《训儿小说》对曹氏子弟的教化功绩。张贞与曹应声为同学，二人相交莫逆，张贞常到曹应声家拜访，见曹应声的两个儿子接人待物整齐严肃，坐有坐相，站有站相，在客人面前全无打嗝、打喷嚏、咳嗽、呵欠、倚物斜立等不端庄的言行举止，张贞很欣赏，问曹应声有什么特别的教子良方，曹应声就拿出自己写的《训儿小说》给张贞看，张贞见《训儿小说》中句句都是寻常规范，通俗易懂，却又洞彻世情，顿时明白了曹应声家教成功的缘由。曹氏家族以家训和著书立说的方式，示以后辈严格的书面条文规范，使子孙后辈由敬祖而自省，对于家声门风更有一种明确的体认和追随。

（二）家教严谨 承递家风

中国传统文化世家的家族观念往往非常强烈，家族文化的传承也是至关重要的事情，他们不仅关注家族的人丁兴旺，更注重培养合格的家族继承人，以保持家族的承前启后、长盛不衰，家族教育由此成为一个家族兴旺发达的基础。而耳提面命的家庭教育，则在家族成员之间形成了一种良好的教育氛围，成为最直接而有效的教育方式。

曹氏五世祖曹滕是家族中第一个获取功名的人，也是曹氏书香一脉之始。曹滕的儿子曹光汉幼时就聪颖异常，曹氏自明初移籍安丘后世代以农耕为业，曹光汉却自幼好读书，不问家业，生性慷慨，胸怀大志。曹光汉对儿子的志向表现出非常欣赏而支持的态度，经常指着曹光汉对人说："这个孩子能继承我的志向，将来必定能以文章事业显达。"曹光汉成人后果真发扬了刚刚在读书科举道路上起步的家族诗书传家之道，获贡生功名，以文学德行名闻乡里，并且和自己的父亲一样支持子侄后辈的学业。他的儿子曹汝励、曹汝勤尚在怀抱中时，曹光汉就开始教授他们句读，识字读书。兄弟二人后来均获科第功名，并同样对子孙辈的读书科第寄于无限厚望。在曹氏家族崛起初期，尚无人中举人、进士等较高的功名，曹汝勤告诫子侄们说："我们曹氏自以读书为业，三代人都只获得贡生的功名，并不足以光大我族，光耀门楣的希望就在你们身上了，读书时一定要带着责任去读。"他给子侄们讲理学书，时至深夜，常常谆谆教导子侄们："一定要努力有所建树，不要让家声坠亡，我就死也瞑目了。"曹光汉与曹汝勤、曹汝励兄弟对后辈耳提面命的教育显然起到了振聋发聩的作用，曹汝勤的儿子曹一麒、曹一麟、曹一凤，曹汝励的儿子曹一豸、曹一鹄、曹一骏都以读书获得了功名，其中曹一麟、曹一凤更是成为曹氏第一代进士，曹一鹄则中举人。安丘曹氏至此达到了家族发展的第一个兴盛时期。祖父辈的教诲给儿孙后辈留下了非常深刻的印象和深远影响，曹氏家族逐渐兴隆之后，就有了自己的家塾，由有学识的族人担任老师，教育族中子弟。曹汝励也曾任曹氏家塾先生，曹一麟、曹一凤和同辈兄弟、堂兄弟等自幼就跟随曹汝励在家塾中学习。曹汝励对他们耳提面命，日试月课，身为长辈又兼先生。在后辈的眼里，曹汝励既有先生的严厉和博学，也有长辈的慈爱和严肃，他时常令年幼的子弟环坐在自己身旁，正坐姿、禁笑闹，然后或是对他们谆谆教诲，或是诵圣贤经典，或是谈当世要务、讲道论儒，或是接受子弟们的执经问难、解惑受艺，经常因为太投入而至废寝忘食。在曹汝励教诲之下，曹一麟、曹一凤高中进士，曹一鹄中举人，其他子侄多为贡监生员，曹氏也至此走向兴盛。家族中第一代进士曹一麟，出任江苏吴县知县后，凡事务求以民为本，深得百姓称颂，却令境内权贵不寒而栗。在督收赋税的过程中，触怒权贵，被革职为民，虽然案有冤情，可惜朝政腐败，朝中无人敢出面申救。曹一麟罢官回乡后，无心再做官，遂绝意进仕，隐居乡间，教育族中子弟。他的儿子曹应枳为恩贡生，有感于自己功名不显，难以光大门楣，他常对儿辈们说："你祖父本有辅佐君王之才，然而却未竟其用，你父亲我又仅得贡生，堰蹇科场，能光大吾族门楣的人，也就只有你们了！"之后曹一麟的孙子曹应枳之子曹铨衡成为曹氏的第二代进士，官宁晋知县，清正有为，这种光大门楣的家族使命始终是维系家族科宦连绵一大动因。

清前中期曹贞吉曹申吉兄弟深受祖父曹铨、父亲曹复植、母亲刘太夫人的教诲之功，把安丘曹氏家族推向了鼎盛，其成就也是渊源有自的。兄弟二人的祖父曹铨曾就读于国子监，因成绩优异被授于光禄寺大官署署承，后又任江南邳州佐州，为官不避清苦，夙夜操劳。虽不能常在家亲自教导儿子曹复植，却为其延师课读，丝毫也不松懈，对曹复植寄予深望，常对人说："这个儿子必将光大吾门也。"他平日检查儿子的课业，只要发现书中遍布点批评阅，就不禁喜形于色良久。曹复植承继了曹氏良好的家学教育，工书能诗，青年时诗名已闻乡邑。他亲自教授二子读书，为曹贞吉兄弟打下了很好的启蒙基础。曹贞吉五岁时，其父就手抄唐人七言诗一册，教给他日夜吟诵，曹贞吉又再转教给弟弟曹申吉。可惜曹复植因在明清易代的战乱中英年早逝而未能成就功业。曹复植去世后，他的夫人刘氏，也即曹贞吉兄弟的母亲刘太夫人，身兼严慈，对兄弟二人精心抚育。当时正值明清鼎革，满地兵戈，刘太夫人带着兄弟二人为避兵，游离四处，居无定所。然而每逢迁徙，则必定会携带上书籍，一旦安定下来，就挑灯夜读，焚膏继晷，从未曾因乱废学。曹申吉官至贵州巡抚，在吴三桂叛乱中被拘禁 7 年，最后忠贞不屈，英勇殉国，以一死报君亲。曹贞吉官至江南徽州府同知，文章名德海内宗仰。曹贞吉兄弟二人终能振其家声，远承安丘曹氏先祖之家学门风，近受祖辈、父辈之谆谆教诲，可谓渊源有自矣。

清中后期，安丘曹氏家族虽不及清前中期鼎盛，但其强烈的家族意识及对家学门风的竭力维护与之前并无二致。十六世曹大章，邑庠生，生性宽容仁厚，入乡邑笃行传，曾为义塾的老师。义塾就是旧时代不收学费的私塾。曹大章品行高洁，教育子孙也是如此，他经常向子孙们讲解儒家经义，告诫他们"勿欺诈，勿游荡懒惰，勿废诗书学业，勿以刻薄待人，勿以骄侈败已"等语。其孙曹会状深受祖父教诲之益，成人后也具高格品行，曾为乡里修复学宫，主持建忠义祠、节烈祠，为乡党所重。十五世曹寿镜，贡生，官刑部河南司主事，热心于敬宗收族之使命，曾主持续修家谱，督修家族祠堂。对族中幼子童孙，聪颖而不能入学的，一定要诱导劝解使之入学。家境贫困又致力于学业的，则必定资助使之安心学习。有族人在科场中获得功名，闻之则喜形于色，等见到其人，则又恐怕他囿于一域，不知进取，于是又切切规诫，因此子孙辈无不从曹寿镜耳提面命的教诲中受益而有所成就。十六世曹成阊，因自幼父母双亡，家道中落，自己又拙于谋生，常常苦于饥寒，却仍能诵读不辍，跟随族兄曹成邑读书，每每学习稍有倦怠，曹成邑就涕泣劝诫说："你一贫至此，还不知道努力学习，即使不考虑其他，难道就不为他日糊口生计考虑吗？"曹成阊闻之动容，学习更加勤勉，后来学问精进，精通经典文艺，诗赋古文，尤精于八股文写作，就教于私塾，族内族外，桃李满园，学生多所成就，曹成阊亦为人所推服。家庭教育通过家族成员的言传身教，耳提面命，与浓郁亲情融为一体，因为其直接性、频繁性、易于实施等特点，往往具有事半功倍的效果。安丘曹氏家族把对后世子孙的教育浸透在家族活动、家庭生活的方方面面，形成曹氏家族代代相承的重教传统。

（三）易代关挨　与时俱进

经世致用、与时俱进是安丘曹氏家族能保持长久兴盛的重要原因，也是其家族文化精神的一个重要方面。曹氏家族在明清交替、清末民初两次易代变革中，都顺利地完成了家族的平稳过渡或转型。明清易代之际安丘曹氏响应了明末清初经世致用的进步思潮，放弃空谈，把经世与任事结合起来，投身实务，在乱世中仍能够做到以民为本、与时俱进。

清末民初，科举制度被废除，新式学堂兴起，安丘曹氏家族仍然表现出了勇于任事、顺应潮流的进步世界观，家族成员纷纷从旧的思想束缚中挣脱出来，进入各类新式学堂学习，在法律、军警、农林、医学、教育、美术、行政等各行各业均人才辈出，在封建体制崩溃瓦解之后，仍然保持着家族旺盛的生命力，成功地完成了家族在清末民初的转型。

至明代末年，封建专制政权的各种弊端已暴露无遗，朝廷处于内忧外患之中，内有频发的农民起义，外有满清政权的威胁，庙堂之上则是朝庙无一可倚之臣，天下无复办事之官。然而在明清易代，内外交困之际，却激发了士人经世致用，勇于任事的济世情怀。经世致用本来就是儒学思想的内容，但经过宋明理学的修饰，末流者往往空谈心性，加之明末科举即使谈经义也往往是无用的空言，所以经世致用在乱世之秋被重新提起并加以强化。明代末年，经世致用成了文人士子一种普遍的价值取向，他们深感在八股文科举体制的教育下，士子们身居朝堂不能辅佐君主，任一地之长官亦不能泽被一方民众，于是强烈主张兴复古学，目的就是为了将来能有用于世。明末清初的大思想家顾炎武、黄宗羲、王夫之诸人，无不大张旗鼓地以经世致用相标榜，主张学以致用，关注现实，针砭时弊，抨击明代八股取士脱离社会现实的状况，主张为学之道，应求实用，实事求是，关乎国计民生。他们的思想为士子们重新思考自己的人生道路提供了思想依据。在国运衰微的末世，应该如何实现自己的经世致用之志成为士子必须面对的问题。明末清初的战乱，一方面让士子们丧失了科举进身的正常环境；在另一个层面，却给他们用实际行动实践"致用"之道、参与政务提供了机会。经世事务本不分大小，但从古代许多士子从政的经历看，他们往往偏重于经国济世的大事务，而不屑于琐细的杂务。但在明末清初，则有不少文人士大夫承担地方上的刑名钱谷之务。这种在非常时期，任平生所不屑任之事的精神，或许正是经世之思潮与末世之国运结合的产物，把经世的道德理想与任事的不避艰难结合了起来，通过勇于任事来表现经世致用之思。安丘曹氏在明清易代之际科举式微，曹氏族人却通过多种方式响应了明末清初经世致用的进步思潮，或是任职于地方，在其位谋其政；或是无官无职，却在乡里担当了官方应担负的赈灾济荒诸种实务，不在其位也谋其政。如曹氏十世曹廷英，崇祯戊辰岁（1628）拔贡生，考授通判。曹绂，准贡生，考授布政司理问厅。曹成德，监生，考授州同。通判，是在知府属下掌管粮运、家田、水利和诉讼等事项的职务。布政司理部则是负责赋税、钱粮、户籍以及发布各类政策通告的职务。州同，则是掌督粮、捕盗、海防、江防、水利诸事的职务。这些职务官级品次虽不高，却都与百姓日常生活密切相关；事虽琐细，却能更切实地服务于民众。在明代中后期已成显姓的安丘曹氏，一直保持着朴厚家风。在明清战乱年间，曹氏族人尽己所能，安抚一方百姓，在某种程度上承担了官方应承担的责任。明末崇祯庚辰（1640）、辛巳（1641）年间，连年灾害，甚至出现"人至相食"的惨状。曹氏家族作为安丘县的世家大户，在族中曹铨等人带领下，家境富裕的家庭，倾尽家中粮仓，赈济灾民，先是族中人，再是姻亲，再是乡邻农佃，受到救助而赖以存活者，达数百人之多。这种气度胸襟也正是曹氏族人勇于任事、以济世为本的精神体现。

安丘曹氏族人经历战火之后，很快在清代初期崛起。仕于新朝，抑或是殉于旧朝，历来是士子们的伦理难题。时至明清，以顾炎武、黄宗羲、王夫之为代表的思想家，关于君与臣、忠与义的思考已有了振聋发聩的思辨。王夫之认为君臣代表的是忠义、合理、合法；而当君不能称民心之时，则君已非天下之君；而此时，其所为义则亦为一人之义，而一人之义不能废天下之公。当君不再是为天下民生而存在的君，则君臣之义也就不复存在；作为臣子，亦没必要以一人忠义之私而废为天下苍生之公。黄宗羲分析忠臣之道时也认为，评介天下治乱的标准，也不在于某一姓氏帝王的兴衰成败，而在于民生之忧乐。民忧则乱，民兴则安，明清易代之际，平民百姓所遭遇的空前灾难，使儒学家们把眼光更深切地投向了民众，以民为本的儒家情怀得到了充分的发挥。他们认为所谓殉亡国之君者，不过是殉一姓之君，且往往是个昏君、庸君，看似忠义，却是在以一人之私义，而废天下之公；而经世致用、勇于任事者，则是以万民之忧乐为忧乐，尽己所能，救民于水火。安丘曹氏家族与明清易代之际的许多家族一样，在朝代更替之际，并非愚忠于前朝，而是与时俱进，较快地适应了时代的变迁。就忠君来说，他们所忠之君固非一姓；但就其为官为政来说，则曹氏家族始终秉承以民为本，勇于任事的家族仕宦特点，为官一任，造福一方，可谓为"公"而忘"私"者。清朝统治建立后，以十二世曹贞吉、曹申吉为代表的曹氏族人，积极参加科举考试，进入仕途，政绩卓著，以廉正名闻朝野，可谓是明末清初经世致用理论的勇于践行者。曹氏族人轻一姓之兴亡而重生民之生死，在明清交替的乱世，能够做到始终以民为本，顺应时代潮流，与时俱进，这也是安丘曹氏跨明清两代而长盛不衰的重要原因。

清末民初，安丘曹氏一如既往地保持了家族经世致用、与时俱进的家风特点，成功完成了家族转型。清朝前中期，封建制度虽有衰微之势，但尚能按照自身的规则发展变化。到了清代后期，中国社会体制及社会思潮受到种种外来力量的强烈冲击而发生了剧变。原有的科举体制完全限制了士子们的思维方式，让他们把终生精力放在了对经文程墨的背诵上，谈到真正的治国之道，则茫然无知，无裨国用。鸦片战争后，西方文化对中国传统文化形成了巨大的冲击，科举制度也被新式学堂取代，结束了其在中国一千多年的选官任务。兴学育才、造就通才，成为统治者维持统治的急迫任务。清末科举制度废止前夕，许多士子呈观望态度，皇帝下旨兴办学堂两年有余，但因科举制度还没有完全废止，天下士林认为朝廷并未专重学堂，多持观望态度，以至因经费难筹，各省所设新学堂并不多。这一时期，在旧式科举仕途上，虽有少数曹氏族人的努力维持，力图保持先祖在科举仕宦上的辉煌，但因时代的变迁和科举制度本身的衰微，曹氏家族显然已不如前期显赫。但安丘曹氏族人仍然表现出了勇于任事、顺应潮流的进步世界观，开始了科举世家在新时代的转型。晚清朝廷为了鼓励读书人进入新学堂，就用旧式科举制度的考取等级奖励学子，规定小学毕业，奖给附生；初中毕业，奖给员生；高中毕业，奖给举人；大学毕业，奖给进士。曹氏连获两名奖给举人：曹蔚，山东优级师范选科专门理科考试优等毕业，历任安丘公立中学教员，莱州中学兖州中学教员。曹叔礼，山东优级师范选科地理历史专科毕业，奖给师范科举人加中书科中书衔，历任汶上、日照、莱芜等县高等小学校长，济南崇宝女子中学教员，长山县立中学校长。安丘曹氏在新学教育系统中出现的两位举人，所学内容已突破了传统四书五经的模式。科举制度完全废止后，向来以科举仕宦维持家族荣誉的世家大族，其后起之辈在时代思潮的推动下，大多适应了这一转变：纷纷从旧的思想束缚中挣脱出来，顺应时代潮流的变化，接受了新兴的民主思潮，追求新文化、新知识，进入各类新式学堂或是出国留学；在学习内容上则在传统的经学之外，涉猎自然科学、法律、军事、商业等各个领域。学而优则仕的学习目的被开拓，学子们可以通过学习文理工科的各门新课程新专业，在士农工商各行各业成为国家的栋梁之才。进入新学堂学习的曹氏族人更是不胜枚举，在法律、军警、农林、医学、教育、美术、行政等各行各业均人才辈出，在封建体制崩溃瓦解之后，仍然保持着家族旺盛的生命力，成功地完成了家族在清末民初的转型。

三、耕读传世远

世家大族可以靠科举出仕确立其社会地位，但是科举世家又并不完全等同于文化世家。对于文化世家而言，科举固然重要，而家族在长期发展过程中累积起来的文化底蕴和家学传承，才是一个家族的文化内核。作为名门望族，一则希望家族成员能具备孝友的内在品行，一则希望家族成员能识文断字，有经籍文史的学问修养，由此才能成就家风厚重与家学渊远的文化世家。

（一）读书承家学

高官厚禄不是文化世家的唯一表征，实际上，家学的丰厚及礼法的严谨更是文化世家卓异于诸姓的原因。明清时期

由一般耕读之家崛起的文化世家，往往会经历两个阶段的家族发展历程：一是由农耕而走上科举之路；二是由科举的宦达而逐渐完成文化文学的积累，使家族不仅代有科举功名的佼佼者，且在文化学养上亦人才辈出，代代相承，从而形成真正的文化世家。安丘曹氏的形成历程也基本如此。曹氏自明初以农耕之家迁居安丘，占籍连池里，先祖并不识字，五世祖曹滕迁入安丘县城东关，并开始入学读书，获得庠生的功名，可以说曹氏书香一脉自曹滕开始。其后曹氏由农村而城市，由耕读而科举，渐渐走向科举之家的道路，开始了家族文化积累的历程。

安丘曹氏在起家之初，即非常重视家族文献在家族发展过程中的地位与作用，充分认识到文学功业对于家族发展的重要性。六世祖曹光汉，明正德间贡生。家族崛起初期，科举功名及家族经济基础都处于积累阶段，曹光汉尚无过多的闲暇顾及文学功业，未有文学作品传世；但他对儿子曹汝励、曹汝勤等则在怀抱中就授之句读，希冀延续书香一脉。其孙曹一凤对于家族的文化传承已经有着非常自觉的家族意识，曹光汉去世后，曹一凤怅然曰："想我曹氏一族在安丘小邑，谬称文献，可是族中并无可传世的经典之作，如此，怎能慰藉先祖英灵。"曹一凤对于家族传世文献的追求，正是曹氏作为新兴世家大族对于振兴家族文化的自觉诉求。明前中期曹氏由儒起家之初，自然首要以科举事业为重。明代中后期，家族渐趋鼎盛之后，则在重视科举教育的同时，又更重视家族成员的文化素质教育，尤其重视以传统诗文词赋创作为主的家学积淀。这一时期可谓家族文化底蕴的萌发阶段，家族成员中不乏学养深厚之人，也有诗文别集问世。最早有诗文集传世的先祖是八世祖曹一麟、曹一凤，曹一麟生性喜好书籍，平日里只要是书，就无所不读。他的诗歌学习中唐大历诗风，寄情山水，歌咏自然，文风浑厚，不作浮华艳语，奠定了曹氏文风雅正的风格基调。曹一凤在公务之暇，尤其倾心于诗词文赋，不论是先贤典章还是当世典型，时时浏览，饱览群书。闲暇时，或诗或词，或文或赋，或立或行，或坐或卧，都以游情翰艺为乐事。曹一麟、曹一凤兄弟作为明代曹氏家族的代表人物虽尚未取得广泛的影响力，但一代代曹氏家族成员对文章事业的重视，终于在清初涵养出曹氏家族文学文献的昌盛时代。清初代表安丘曹氏文学成就的曹贞吉、曹申吉兄弟，文章事业辉映当时。其后曹氏代有传人，家学渐渐丰厚。随着曹氏家族社会地位的稳固，对家族成员文学素养的教育培养在曹氏家族中也渐渐得到更多的关注和重视。曹贞吉的祖父曹铨，性好聚书，家里的书连屋充栋。曹贞吉的父亲曹复植，少年时代就日日坐卧其间，日日捧书勤读，对经史子集无不通究。曹复植工书能诗，曹

贞吉自幼也受到父亲的文学启蒙，在他五岁时，曹复植就
手录唐人七言一册，交给他吟诵。曹复植虽然英年早逝，但
他在生前身后都以榜样的力量给予曹贞吉曹申吉兄弟极大
的影响。曹氏家族在科举教育之外，所进行的"有余力则学
文"的文化文学教育，使曹氏家族历代成员在文学创作上多
有所成。至清代，曹氏家族厚积薄发，在诗、文、词、赋、
史学、医学等各个领域均成就不菲，著作繁复，堪称文献巨
族。清代顺康年间，安丘曹氏在文学创作上达到了鼎盛，曹
贞吉曹申吉兄弟如两颗耀眼的星辰，其光芒辉耀了曹氏家族
门楣，也照亮了清初文坛。曹氏在明末清初，已形成较为清
晰的家学传统，后世子孙在传承维系这一家学传统的过程
中，表现出了强烈的家族意识，对家族文化与文学有着积极
的认同和承继观念。曹氏兄弟以杰出的文学成就把一个文化
世家几百年的文化涵养推向了顶峰。其后，安丘曹氏在文学
创作上人才辈出，作品繁多，以诗词文赋等名家者接迹联
翩，后先辉映，终成山东有影响力的文献大族。

　　曹氏家族文学创作的兴盛包含着历代曹氏族人维系家学
的不懈努力和传承家学的积极主动性。曹贞吉曹申吉兄弟的
诗词成就在清前中期直接引领了其子侄辈的诗词创作，曹贞
吉7个儿子中有4个儿子入县邑文苑传或作品被艺文考所著
录，次子曹霖、四子曹湛、六子曹瀚、七子曹涵，个个秉承

家学，才诣超群，很有其父曹贞吉的遗风。曹申吉幼子曹淑，亦能诗，存世作品有《虫吟草古近体诗》、《虫吟草诗馀》。曹淑是曹申吉在贵州巡抚任上生的儿子。在他刚刚一岁的时候，三藩之乱起，曹申吉被囚，曹淑跟着曹申吉一起流离转徙，艰辛备尝。因为曹申吉是囚徒身份，大部分时间曹淑几乎不能见到父亲，度过了7年的囚禁生活。曹申吉最终被杀害殉国。又过了两年，曹淑才被朝廷允许送父亲的灵柩回乡。在曹淑的印象中，连父亲曹申吉的音容笑貌都不是太清晰。但他渐渐长大后，知道父亲曹申吉学问渊博，不论是科举事功，还是诗歌文章，都足以名家，只是天不假年，未能充分完成毕生功业。于是曹淑发愤力学，立志以学问事功完成父亲未竟的抱负，然而，曹淑最终也蹉跎不遇，以至于贫病而死，甚至死后遗墨散乱，不复成帙。幸好曹氏家族历来有重视家族文献的传统，把曹淑的部分遗存诗歌收集在了家集中。后来曹淑的族兄曹瀚帮助他的老师马长淑整理编撰安丘籍诗人诗歌总集《渠风集略》，师生二人感念曹淑一生维艰，在《渠风集略》中收录了曹淑的多首诗歌。安丘著名诗人马常沛评价曹淑的《虫吟草》诗稿说："大作嫩美鲜艳如出水芙蕖，临风袅娜足令观者神怡心爽，应接不暇，但以年方英妙，故觉清秀之致有余，而苍老之气尚欠一分，古人云与年俱进，诚非虚语，迟之数年，当更进步耳，君之才清丽稳妥，臆度他日所就唐则王（王维）孟（孟浩然），宋则欧（欧阳修）陆（陆游），明则大复山人（何景明），今代则愚山（施闰章）牧仲（宋荦）之间乎，要之得之家学两先生者，固有由来矣，敬质高朋以为是否。”“家学两先生”指的就是曹溆的父亲曹申吉和他的伯父曹贞吉。至于说曹溆的诗歌假以时日会赶得上王维、孟浩然、欧阳修、陆游、何景明等大诗人的预想固然有溢美之嫌，但曹溆的诗也自有其辩丽可喜之处。比如他有一首《夏日闲居》诗，诗中有一联：“名花种出皆称友，怪石移来唤作兄。”写得很是有趣，与名花怪石称兄道弟，一派闲适心境。曹溆受先辈学问事功的感召所作出的努力和所取得的成绩，亦足以无愧于其对家学的承继。

曹氏自清初因文学才子辈出而给后人承继家学带来更大的自信。他们在科场不利之后，往往转而专心于诗词文赋，使曹氏文学世家的地位也得到外界更多的认可，从而在科举仕宦之外亦能做到振兴家学门风。而曹氏后辈的文字功底往往能使人自然地想到其家学渊源。曹辉吉之子曹资善参加科举考试，主司看了他的科考试卷，为之拍案说：“此卷根柢宏深，定系世学无疑。”曹贞吉之孙曹曾衍，曹霦之子，字士行。曹曾衍起初也是想走世家子弟的常规科举之路以立身扬名，但屡次参加科考，屡考屡败，于是就放弃举子业，专

曹淑手稿

心家学，肆力于诗词，著有《秋浦诗草》、《秋浦诗余》，当时人称赞他"不愧家法"。十五世曹益厚亦复如是。曹益厚是曹曾绍的第四个儿子，字子谦，廪贡生，科考功名并不高，但以文名入道光安丘新志文苑传。曹益厚自幼聪敏，精于八股文，文名鹊起而唯独科场不利。后来索性放弃八股文，专攻古文诗词，一时地方上很多情感丰沛，情真意挚的碑诔志铭尽出其手。安丘名人马世珍称赞他："安丘本朝古文能守先正遗范而传其法于后世的人，近代只有曹子谦一人而已。"安丘曹氏随着家族文化与文学内蕴的日益深厚，与家族兴起的初期不同，家族成员在科第之外，又能通过承继和发展家学而实现个人价值，做到留名于青史、流芳于后世。

　　安丘曹氏在家学日益厚重之后，家族成员对待家学传统一直秉持一种强烈的家族文化传承意识。尤其是在清代晚期，因为时代因素及家族内部因素等各方面的原因，曹氏家族的后人已难以维持人才辈出的家族兴盛，而经常陷入科举困顿，几乎难以维系世家大族的社会地位。家学是家族发展繁衍的重要文化资本，在这一时期，曹氏后人把继承家学及家族门风族训，作为维系其世家大族书香门第的文化象征。十七世曹豫峰，以孝悌入《民国续安丘新志·孝义传》。他的父亲曹成纲在曹豫峰 7 岁时，就向他讲解传授曹氏先祖留传的家规训诫，口授其唐宋诗词。曹豫峰虽以孝悌德行而显名，但他12岁时，就能背诵《十三经》，又旁通《国语》、《战国策》，下及秦汉唐宋诸家古文词。13岁时，拈笔为文，洋洋洒洒，千言立就，曹豫峰虽科宦不显达，却能承继家学，保持了较高的文学修养。即使是在生计艰难的情况下，承继家学，保持书香门第的门风仍是曹氏家族成员强烈的家族意识的表现之一。十八世曹维廉，因家贫不能读书，同族伯父曹会为之可惜，秉承曹氏族训，出资助其入学，帮助他读书业儒，承袭家学。曹维廉则学有所成，长而能文，著有《留香书屋诗草》。可以说，曹氏家族无论是在科举发达，才子辈出的鼎盛时期，还是在家族合格继承人难以为继的时期，历代家族成员都以强烈的家族意识，汲汲于担负起传承家族文化与文学的责任，最终以丰厚的家学彰显了曹氏一门风雅的世家形象和雅正门风。

（二）书香伴高情

闲雅情志是封建士大夫生活中非常重要的一个方面。与灯红酒绿、纸醉金迷的消遣方式相比，士大夫们更倾向于品花赏月、诗酒书画的高情雅趣。这种风雅的生活方式与高洁的情怀是安丘曹氏优雅门风的展现。安丘曹氏自以儒起家以来，即非常重视对家族成员的文化文学素养的教育。这引导着曹氏族人在相对优裕的物质生活之余，升华出尚文好雅的生活情趣。这种情志表达着在追求科举仕宦之外，安丘曹氏家族成员在日常生活中的精神风貌和生活情趣，它们或许并没有微言大义的主旨，却更直接真实地反映了安丘曹氏家族历代成员的情感倾向和生活旨趣。富有闲情雅致的生活方式反映了曹氏家族文化精神中对于雅洁精神生活的追求，远远超过了对于物质生活享受的重视。在家境殷实、仕途宦达之时，悠闲安逸的生活情趣自然可以理解；而在身处困踬之时，他们也往往能保持着内心的一份宁静和高雅的精神气质而不肯从俗，这也是封建士大夫君子品格的一种表现。

十二世曹贞吉生性恬淡，不苟名利。他于康熙九年（1670）赴任内阁中书一职，本来和他同在京师为官，日日风雨对床的弟弟曹申吉于康熙十年（1671）赴贵州巡抚任，剩下曹贞吉独自留在京师。更不幸的是，兄弟二人甚至都没有想到，这次分别就是永诀。其后曹申吉在贵州巡抚任上遭遇三藩之乱，被囚7年，生死不明，忠奸莫辨。曹贞吉在朝中也深受影响，在内阁中书一任滞留十余年未获升迁。期间曹贞吉却心境淡然，他描述自己闲居中清雅的消遣方式说"奇书借得皆成友，怪石移来便作兄"。不是与王公卿相沉醉于富贵之

曹氏后人保存的先祖居家行乐图局部

乡，而是与奇书怪石为伴，饮酒赋诗，酣醉雅玩，充满了诗情雅意。然而除了一般文人士大夫打发时光的雅玩情趣，曹贞吉又言"长夏漫漫如倦客，孤云淡淡类时名"。以倦客比拟长夏，以时名喻淡云，写其视名利如云烟的高洁品格。后来曹贞吉仕途出现转机，由内阁中书出任徽州知府。但曹贞吉不是喜形于色，利欲熏心，而是仍然保持了士大夫雅而正的品格特征。在任期间，公务之余，时常与好友安徽歙县县令靳熊封及新安诸名士坐在修篁浓翠中，讲求声韵之学。家中无客时，曹贞吉则在家把玩红丝小研，反复磨墨冲洗，排列良莠，耽玩不厌，甚至为此废寝忘食，家中生活经营，都无心过问。解官后，曹贞吉回到安丘故园，与刘源渌、张贞及诸好友结老人之会，笑言终日，有集会则或自己拄着拐杖缓步以往，或独自驾车遣兴郊原，或在田间与村夫野老闲话农桑，怡然自适。不出门时，则在家正襟危坐，静若枯禅，品茶焚香，一派闲情雅致。

安丘曹氏十三世曹资善，乾隆丙子（1756）举人，以五经冠山左，年过30，被选授官职而没有接受任命。有人荐举他说："为什么不去考进士试试呢，考不中再拒授官职，也为时不晚啊！"曹资善则言："考不中而拒官，并非真正是知道进退的人，一入党家厨，虽万斛西江水也不能洗净寸许肠胃。"之后再有要举荐他为官的人，他也只是一笑置之。

曹资善用党家厨之典表达了自己不慕于荣利的雅洁心怀。传说宋代大臣陶谷有一个小妾，本是当时富豪党进的家姬，一天下雪，陶谷命人取雪水煎茶，问曾为党家姬的小妾说："党家有此等情景吗？"小妾回答说："他是个粗人，哪里识得如此情致？他在这样的天气里也就知道在华丽舞帐之下，浅斟低唱，吃羊羔饮美酒罢了。"后人就以"党家"比拟粗俗的富豪之家。而曹资善则唯恐不经意间因对功名利禄的追逐而误入了党家厨，其高洁情怀可见一斑。安丘曹氏家族中追求恬淡安适的闲情雅趣者大有人在。曹士俊满腹经纶，但因赡养寡母之需，放弃科举。他居住在水泉甘冽、林木蓊翠的檐山村中，醉心于浊酒清琴，淡泊自得。曹廉因致力学业过度而致疾，遂废弃举业，盖一处院落，室内四壁皆书卷，庭中置金鱼花卉，别具情趣，时与二三好友聚首谈心，饮酒微酣，辄命题分韵以为乐。更奇的是，曹廉兴之所至，吟成诗歌，写在纸上，旋即又弃去，说："我不为此名也。"与人交往，不慕荣势，唯以文酒相娱乐。如果席间有浮夸炫富的人来了，曹廉就立刻避而远之。正源于安丘曹氏家族成员高洁的精神追求，发而为诗词，则文风雅致，情思高洁。安丘曹氏家族诗词创作中安适闲雅的文化精神，常表现为寄情于山水的恬淡自适心境的抒发。我们不妨欣赏一两首曹氏诗歌，来体会一下其尚好风雅的情志。如曹尊舞的《菊》："萧疏庭院得秋光，景物依稀爱晚芳。蝶为恋花容易老，蜂贪作蜜那辞忙。当门止水清如许，入座孤云淡不妨。镇日清闲无个事，篱根坐对菊花黄。"诗风闲雅从容，情思婉转流畅。曹元询的《雨中即事》："几日沉阴郁不开，斗然秋意到庭槐。池中幻影风吹去，帘外轻寒雨送来。重理旧书尘满几，喜来佳客酒盈杯。身闲不负幽居乐，莫遣儿童损绿苔。"在精致细腻的景物描写中流露着闲居生活的诗意消遣，正所谓"身闲不负幽居乐"。

（三）诗人曹贞吉的家学渊源

提起明清安丘曹氏的一门风雅，不得不提曹氏十二世曹贞吉（1634—1698）。曹贞吉以杰出的词学成就奠定了他在清初词坛的地位。《四库全书》作为清乾隆时期编纂的大型丛书，在其集部词别集一类，对于清词只收了曹贞吉《珂雪词》一种。《珂雪词》能在清初名家云集的词坛脱颖而出，原因是多方面的，其中一个非常重要的原因，就是曹贞吉的《珂雪词》词风雅正。晚清著名词学家陈廷焯在《白雨斋词话》里曾对《四库全书》独收的《珂雪词》进行了自己的诠释："曹升六《珂雪词》，在国初诸老中，最为大雅。曹贞吉

曹贞吉画像

才力上也许不如清初朱彝尊、陈维崧，但他的词取径较正。国朝不乏词家，但《四库》独收《珂雪》，是有他的原因的。"曹贞吉词情思端正，取辞也雅正。在曹贞吉的《珂雪词》中很少有绮丽香艳的意象，如香草、美人、红药、翠钿、花柳、绣闺、黛眉等，也很少有娇、媚、恨、愁、玉、艳、纤、锦等婉媚词汇，甚至在曹贞吉词中难得见其写两情相悦之词，就更不必提烟花柳巷了。一些能引起人清旷雅洁之思的词汇及意象如寒风、清秋、淡云、疏雨、霜雪、孤雁、寒蝉、白莲、松菊、朗月、更漏、荒漠、衰草等则在曹词中频频出现，曹贞吉的文学作品真可谓是曹氏文学雅正醇厚门风的最好体现。

为什么曹氏会忽然在词坛上出现这样一位大词人呢？细追究起来，也是有其家学渊源的。词这一文体在曹氏家族文学创作中占有非常重要的地位，甚至在清初山左词坛，曹氏家族的词创作成就也是非常耀眼的。安丘籍诗人诗歌总集《渠风集略》卷七选录9位词人的词作，其中就有5位词人出自安丘曹氏家族，包括曹一凤、曹贞吉、曹霖、曹瀚和曹曾衍。其先祖曹一凤的词尤其值得关注，曹一凤仅存于《渠风集略》中的两首词是安丘曹氏明代诗人中唯一存世的词作，曹一凤也是清初曹贞吉《珂雪词》之前唯一有词作存世的家族成员，由此也可知曹贞吉在清初词坛的脱颖而出，在

予樓遲遒勝園中凡數年、風晨月夕、竹籟松濤通懷
抱、自癸卯初秋違此來、隔塵埃兀兀、司首作鶴簪如葦
臺、方丈其開居有懷、悵然此來。

松徑

十年結契住林皋、漫向松陰覓短柯、幾樹兩痕分晚照一
天風色起情濤、魚游鷺避亂枝柯、鶴舞遙憐翠幌高宣為
春書貼藏月、往來三徑莫辭勞

竹窓

曹贞吉手稿

家学传承中也是有根可依、有源可寻的。

曹贞吉在科举仕宦和文学创作上取得的成就与其外祖刘正宗也有着密切的渊源关系。曹氏家族在明清之际，因时代原因，科举式微。清初统治建立以后，开始用各种方式笼络士子，其中最便捷的方式就是起用前朝旧臣。曹贞吉外祖刘正宗就是由明仕清的士子代表。刘正宗，字可宗，号宪石，世称"刘阁老"，山东安丘人，明朝崇祯年间进士，历任真定府司理、翰林院编修、东宫讲读官、侍讲、礼部会试副主考等职。明亡之际，曾一度辗转避难于南京和安丘故里。清朝起用旧臣，刘正宗屡接诏书，以荐起国史院编修，历任秘书院大学士、吏部右侍郎、弘文院大学士、文华殿大学士兼礼部尚书，参谋朝廷机要。外祖在官场的显赫自然激发了贞吉与申吉兄弟二人经国济世的雄心壮志。刘正宗不仅是顺治朝重臣，而且能诗能文。在文学创作，曹贞吉也深受外祖影响。刘正宗曾主持清初山东诗坛颇有影响的济南诗派，作诗师法明七子，推崇初盛唐诗，著有《木天草》、《雪鸿斋草》、《逋斋集》数卷。作为刘正宗的外孙，自然会得到外祖的指教。曹贞吉早年诗歌深受外祖父推崇明代前后七子的影响，诗风颇有唐韵。

贞吉、申吉的父母对兄弟二人的成就也有很深刻的影响。曹贞吉之父曹复植在明末清初的战乱中，因避兵难，客

死安东卫（今日照），年仅 29 岁。但他为兄弟打下了很好的
启蒙基础，曹复植工书，能诗。曹贞吉年幼时，父亲曹复植
曾手写唐诗七言一册，让他背诵，曹贞吉再传诵给弟弟曹申
吉。所以说曹贞吉曹申吉兄弟诗名动天下，也离不开父亲的
熏陶教诲。曹复植之妻、曹氏兄弟的母亲刘氏，即为刘正宗
最钟爱的次女。刘太夫人出身于名门世家，又亲历安丘曹氏
尚文崇儒的家学门风，因此她非常注重对两个儿子的教育。
其对曹氏兄弟的抚育也堪称母教的典范，曹复植去世时，刘
氏年未三旬，二子俱幼，刘太夫人砥节课孤，以母兼父，有
断丝画荻之风。她经常篝灯夜坐，纺织伴读，给儿子讲述先
贤、祖辈们建功立业的艰辛，激励他们能重振家业，传承家
学，常把两个儿子感动得痛哭失声，更加发愤力学，并终有
所成。兄弟二人终能振其家声，远承安丘曹氏先祖之家学门
风，近受外祖、父母之谆谆教诲，也可谓渊源有自。

四、孝悌为本

　　文化世家是中国封建正统儒家思想的践行者，以血缘关系为重心的家世观念与儒学伦理道德观亲密地结合在一起而形成家风传承。以科举起家的家族往往有别于靠门第出身维持富贵的世家大族，他们重视科举，同时也非常重视人品修为。其实圣贤之道并非高高在上，而是至平至近，恰恰存在于日常生活之中。品格端谨中有大道，孝悌天伦中有大道，敦亲睦邻中也有大道。俗言忠义之臣出于孝悌之门。在家品格完善，为国方能尽忠义之心。修身、齐家、治国无一不是从完善的品格出发，由内在品格的端庄严谨，扩大而为宗族内的孝悌仁爱；再扩大而为乡间邻里的敦亲睦邻；最终扩大而为"为天地立心，为生民立命"的博爱、仁爱，家之孝子亦遂修炼而成国之君子、圣贤。曹氏家族成员在为人处世上，外修庄重的仪容举止，内修端方不苟的品行。言语谨慎，行为检束，以雍容表率为己任；任事不尚浮华，务求实用；非其力不食，非其知不为；居家则父慈子孝、兄友弟恭、恪守家法、敦睦宗族；居乡里则解困扶危，仗义疏财，和睦邻里，保持了家族的优良门风传承不辍。

（一）勤谨端简

曹氏家族成员品格修养中一个突出的特点是勤谨端简。曹氏明代嘉靖年间的代表人物，家族中第一代进士曹一凤，平日举止庄重，为官勤谨，做事讲求时宜，廉洁自律，唯正是守，一生所追求的目标是要以功名事业表现于当世，而不愿浑浑噩噩、溺于流俗。曹一凤逝世后，崇祀乡贤祠，乡里根据其生前品格事功为其定谥号"端简先生"。从曹一凤在诗歌中所言"两袖清风，满船明月"的诗句，我们也可想见其取思雅正的文采风貌。清代前期曹贞吉、曹申吉兄弟也都是生性端庄严谨的人。曹申吉比其兄长曹贞吉早入仕途，他的年龄虽小，但从帝王所下的封赏诏书，对曹申吉的这一性格特点多有评价。顺治十二年（1655）曹申吉中进士后，深得顺治帝赏识，被选为翰林院庶吉士并授文林郎，诰命中对曹申吉有"品行端凝，文思渊博"的评价。顺治十七年（1660），曹申吉任大理寺卿授通议大夫诰命中称曹申吉"才猷渊裕，器宇端凝"。康熙六年（1667），晋封曹申吉礼部右侍郎的诰命中则评价他："性姿端谨，才识宏通。"曹申吉性情持重，在仕宦中也以此而声名卓著。曹申吉的胞兄曹贞吉一生坎坷。他幼年丧父，中年逢曹申吉在三藩之乱中殉难，失去了相依为命的弟弟，在仕途上也曾困于中书舍人十余年。但他始终是"辙迹到处，甘霖随之"，不疾不徐，淡然处之，保持着随份从时的端雅姿态。曹贞吉的妻子王太恭人，也是个生而端凝、言笑不苟、娴于闺训的世家闺秀。曹贞吉在外为官二十余年，王太恭人因为家有年事已高的婆母，并不常跟随曹贞吉宦游，于是教导子女礼仪道德的任务，自然而然地就落在了她身上。她的儿子曹濂曾说："我和兄弟们哪怕是出门一步，母亲也必定叮嘱我们出门遇事一定要忍耐，万万不可随便生事，我和兄弟们成人后至今尚能行动谨饬，未至于佻达浮薄为乡里指目，都是幸亏有母亲的教诲。"至清后期，曹氏端凝的家族个性特征仍得到传承。十八世曹叔礼平日居家言行举止从无轻慢、无戏嬉，与人谈话必言正道，即使在家人父子日用饮食之间，也常常教育他们读书要用心，语言要端谨，在长辈们面前不得做言语不逊之状。曹氏历代家族成员秉承了端方质朴的性格特点，形成了端凝雅正的家族门风。

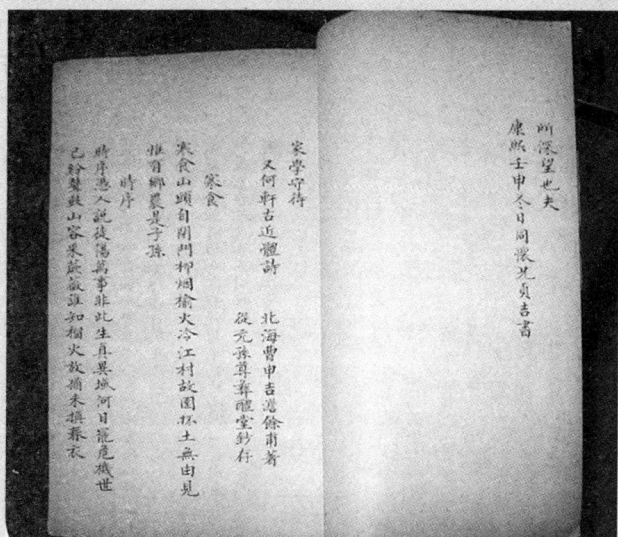

清抄本《安丘曹氏家学守待·又何轩古近体诗》

（二）尊亲重礼

安丘曹氏雅正的门风源于曹氏家族成员端正的品格。这种品格表现在为人处世上，于宗族之内则能孝悌传家，家风整肃；于宗族之外则能仁民爱物，济世兴邦。安丘曹氏家族以孝悌为家庭伦理之核心，历代家族成员不唯信其道，且终身躬行履践之。《孝经》上说："夫孝，始于事亲，中于事君，终于立身。"孝悌可谓是修身、齐家、治国、平天下的品格修为的起点。曹氏家训中言"各孝尔父母、各敬爱尔兄长"，"训子弟必以忠孝节义为先，虽妇女辈亦必教以孝悌礼让"。孝悌之道成为曹氏族训中被突出强调的道德规范。安丘曹氏族谱、碑传、铭文、行状、传记中，对家族成员孝悌品质的赞颂总是不可或缺的内容，曹氏家族成员入各级地方志孝义传、笃行传者甚众，从而成为安丘曹氏家族奉行孝悌传家的有力见证。

孝、悌二字中，又以孝字为重，在家庭伦理中对长辈的奉养与孝敬最为重要。《孟子》说："孝子之至，莫大乎尊亲。"不论是躬身侍亲，还是远游思亲，尊亲始终被曹氏奉为首要的道德规范。所谓尊亲，最大的孝行或许正是顺应长

辈的心意，不违其心，令其心情怡悦。对长辈的恭顺敬爱是曹氏重孝悌门风的特点之一，也是其一直传承的优良家风。曹氏六世祖曹光汉在父亲去世后，笃志好好奉养母亲，而他的母亲是位性情严厉的老人，但曹光汉左右承颜，必得母亲欢心才心安。他的妻子杨孺人与丈夫也是夫唱妇随，对婆母尤其恭顺婉转，特别能理解老人的心意，平时端茶送水，头痛脑热，察言观色，时日久了，老人对她的依赖几乎无人替代了。曹光汉的儿子曹汝勤也和父母一样是个有孝心的人，父亲曹光汉染风瘰疾，曹汝勤不远千里去寻找良医，与妻子王太宜人一起多方调摄，煎汤熬药，每次喂药前一定要先亲口尝试后再给父亲喝。夫妻二人日复一日，如此侍奉了缠绵病榻的父亲十余年之久。曹光汉去世后，夫妻二人又专心侍奉母亲，亦是百依百顺地愉悦老人，可以说曹光汉的孝心在儿子曹汝勤这里得到了完美的承继。曹汝勤的儿子曹一麟也和祖辈、父辈一样，事父至孝，曹汝勤性情严毅，不苟言笑，家政整肃，而曹一麟也总是曲意尽孝。曹一麟的儿子曹应埙更是笃于孝友。万历中，曹应埙正在国子监读书，国子监是封建时代士子读书的最高学府了，在那儿读书，显然也比较容易考中进士举人。但曹应埙在学校听说父亲病重，决意放弃学业回乡照顾父亲。曹应埙在忠孝难以两全之时，优先选择了孝亲，这在封建时代总是把忠放在孝之前的伦理约束之下，实在是难能可贵。清中后期曹氏后人曹士俊也和曹应埌一样，因奉养老母而放弃了科举入仕的机会。曹士俊的孝行还被记载进了《山东通志》。曹士俊幼年丧父，由母亲一人把他抚养长大，母亲刘氏从小就教导他读书识字，砥砺行节，把曹士俊培养得端庄稳重，精通经义，在县试科考中得了第一名。后来又去参加府试，从未经历儿子离家的刘氏因牵挂而至寝食难安。曹士俊一看母亲如此，想到自己将来如果跻身仕途，必然要和母亲聚少离多，难以照应。于是，曹士俊决定不再参加科举考试，专心侍奉母亲，让操劳一生的母亲能安享天伦之乐。曹士俊在有能力应试中举的情况下，毅然选择了陪伴在母亲身边，躬身侍亲，无微不至。曹士俊的母亲在明清易代之际的战乱中，迷失了乡族，为慰藉母亲，曹士俊想尽办法，联系上了亲戚党朋数人，逢年过节，就带着母亲走亲访友，让老母亲备感安慰。曹士俊的母亲独自把年幼的儿子抚养大，一辈子操劳惯了，晚年虽年事已高，但仍然操劳不辍，老而弥勤。曹士俊屡次劝说，老人就是不听。于是每次遇到母亲忙碌，曹士俊必身先士卒。母亲每年都要养蚕，母亲采桑叶，曹士俊就跟着去采桑叶；母亲编蚕帘，曹士俊就跟着编蚕帘；母亲收蚕茧，曹士俊就跟着收蚕茧；就连缫丝纺绩，曹士俊也一一跟随。结果，母亲因为疼惜儿子而不得不稍事休息。十七世曹豫峰也是个性情纯孝的人，他 5 岁丧母，与父亲相依为命，成人后竭力事父。家境虽不富裕，但对父亲的饮食起居却体贴周到，父亲病了，曹豫峰就昼夜侍在身边，有时时值酷暑，父亲命令他暂且出门乘乘凉，曹豫峰始终不去，担心自己不在身边父亲会出什么意外。父亲去世后，曹豫峰家里只有薄田一亩，为尽孝道，他卖了田地为父亲办丧事，居丧礼节丝毫无怠慢。一开始家乡人觉得他连自己的衣食着落也不顾，卖地葬父，真是狂癫，然而大家见他居礼如此真诚，又无一不对他敬爱有加。曹氏家族在孝亲中所体现的体贴入微，拳拳之心，对当代人的孝道颇具启示意义。

作为文化世家、名门望族，曹氏事亲礼仪亦颇为严谨。礼仪表面上是程式化的礼节，但中国传统的尚礼精神又大都是出于人性之自然，其克己复礼的言行又绝非徒具形式的繁文缛节可比，而是诚于中而形于外的。十四世曹赓在清中后期仍传承了家族许多礼仪规范，家中孩子长到 6 岁以上，就开始派族中长者教他们学规矩，不论是衣冠穿戴还是言语举止，都要合典礼规范；家中妇女则要习《礼记》名篇《内则》，学习女性在家庭内必须遵守的规范和准则。于是家族之内，长幼有序，门风整肃，常见孙男娣女多至数十人罗立门内问安的天伦乐事，被乡里传为盛事。在一般的家庭伦理中，婆媳关系一直是比较难以相处的，但在曹氏门内则多贤媳，曹贞吉妻王氏侍婆母刘太夫人，色养备至；在晨昏定省的礼节之外，更见其体贴长辈的真诚孝心。刘太夫人为相国刘正宗之女，生而贵重，性格严毅；王氏则柔顺承欢，每天准备饮食，一定要亲自到厨房，叮嘱厨子仆妇，要按老人的口味嗜好安排烹饪。吃饭的时候，刘太夫人在卧房吃饭，王氏则立于帘外堂屋内吃；刘太夫人在堂屋内吃饭，王氏就立于堂屋外檐底吃。吃饭的时候，王氏并不多话，等刘太夫人吃完饭，王氏看婆母饮食尚佳，也就安心回去休息了，并不让刘太夫人知道这些事情。偶遇婆母不满呵责的地方，王氏也并不争辩，总是和颜悦色、婉言谢罪；而刘太夫人本也是明理之人，很快也就冰释前嫌了。王氏对婆母的孝敬，与其说是遵循礼节，倒不如说是一种深挚的孝心呈现。王氏自己是个好儿媳，她的孝行也感染教化了自己的后辈，子女、儿媳对她也非常孝敬，儿子曹霈的妻子马孺人侍奉王氏尤其恪尽孝道。曹霈去世得早，丈夫死后，马孺人为了方便照顾婆母，和婆母一起居住十余年，每日早晨为婆婆梳洗打理，寒暑不易，不辞劳倦。除了日常生活琐事上的尽心竭力，危急时刻，孝心又以勇敢不惧的姿态呈现。康熙七年（1668）六月，安丘地震，曹贞吉最先惊觉，因为担心母亲受惊，他光着脚就跑到母亲房门前，大声呼喊，完全忽略了此时周围瓦砾崩塌的险情。等天刚刚亮，地震平息之后，家人回看曹贞吉站过的台阶，就在距离他曾站立位置不足数尺的地方，瓦砾已经堆满台阶，如果当时稍移跬步，就会身罹灾祸。大家都说这是曹贞吉的诚孝感动了天神，暗中保佑曹贞吉，才让他躲过这次险情。又如大孝子曹豫峰，认识他的人都知道他平时很怕蛇，但也都知道他对父亲非常孝敬。父亲去世后，曾有蛇出入其父墓穴，被曹豫峰看到，他心急之下，直接用手擒住了那条蛇，乡人谓之为仁者之勇。其仁其勇可谓都是源于孝心。

（三）轻财重义

尊亲之外，悌又与孝一起形成文化世家维持宗法秩序的核心伦理规范。悌与孝紧密相联，兄弟之间的和睦相处，必然也会让长辈欣慰，而成就孝道。对于传统世家大族来说，虽因敬宗收族的需要更期望家族成员能同处一堂，但随着人口日繁，又终不免面临分家析产之事，俗谚说："人为财死，鸟为食亡。"在财物面前，很多人都经不起诱惑，而忘仁忘义。曹氏家族中却经常在这一方面表现出难得的兄友弟恭，不仅不为争家产反目，反而都互相让家产。七世祖曹汝勤对弟弟曹汝励如兄如友，分家产时更是让以膏腴。曹汝勤之子曹一麟照顾生病的长兄曹一麒，每次延医调药，必要亲自尝药，日常问安，寒暑不易。曹一麟的三个儿子继承了祖辈父辈兄友弟恭的风范。他们成人后分家析产时，大儿子曹应埙知道父亲担忧两个年幼的弟弟，就跪着对父亲说："我秉承家学才有今日，一切都是父亲玉成之恩，现在两个弟弟还都少不更事，哪里敢再让父亲朝夕担忧呢？我受父亲养育之恩，现在能做到衣食无忧。古代孝子薛苞，母亲生了病，他就割自己的肉奉母，医好了母亲。我虽做不到这一点，但也会忧父亲之所忧。"曹应埙决定把家产都让给两个弟弟，叔父曹一鹄问他："你真能做到这一点吗？"曹应埙回答说："古人言：'死而可生，生且不愧。'我怎么敢欺骗我的亲生父亲呢！"于是把家中膏腴之产都让给两个弟弟，一无所取。二弟曹应枳感于兄长的大义，也决定把家中膏腴之地、贵重家产让给更年幼的三弟。曹应埙、曹应枳兄弟二人轻财物重亲情的高格，真可谓君子之道。曹氏的这一优良家风被曹氏后人代代相传。清前中期，十二世曹辉吉，自幼丧父，生性孝友，侍奉母亲三十年如一日，朝夕侍侧，无间寒暑，分家产时，和弟弟曹炳吉一起把家产都让给三弟。十七世曹恩沛与弟弟分家析产的时候说："我儿子多，将来能自谋生活，衣食不至匮乏，弟弟家人口少，恐怕将来困难会更多。"因此，曹恩沛也是把家中资产尽让于弟弟。相对于很多为争夺家产而兄弟反目的家庭来说，曹家兄弟的孝悌之情实属难得。

"君子喻于义，小人喻于利"，这是传统儒家价值观对于伦理道德和物质利益关系的典型概括，曹氏家族重亲情轻钱财的家风，正是其家族成员君子风格的表现。甚至有的时候，财富利益是完全让位于血缘亲情与家族利益的。十四世曹庚，他的弟弟早逝，家中子女都还年幼，曹庚把侄子们当成自己的亲生子女抚养教诲。等侄子们都成了人，婚嫁完毕，分家时曹庚把自己一处大宅院送给两个侄子，自己则迁居城外城埠村，仍旧延师教授两个侄子读书，帮助两个侄子打理家业，上下内外，规矩谨严，丝毫不以私意为念。曹庚居处距侄子们的居处相去十余里，而曹庚平日会不时去探望侄子，或是到家里暂坐一会，或是随便在院外转转就走了。两个侄儿都不一定全知道叔叔对他们是多么关切，只是曹庚有时候自己感慨地说："希望他日侄子们感念我的勤苦，能努力经营自己的生活不至于失业，我就心满意足了。"十六世曹成阊，因自幼父母双亡，家道中落，自己又拙于谋生，及至成年也终因家贫而未能娶妻，但他能承家学诵读不辍，通经典文艺，旁及诗赋古文辞，后来因学问广博，就教于私塾。随着学问的精进，得到的束金也越来越多，然而曹成阊却从不乱花一分钱，总是把钱积攒起来，大家都以为他攒钱是为了给自己娶一房媳妇。然而，等到曹成阊的兄弟先后谢世，一切丧葬之具多为曹成阆所营办。岁时祭祀，上自高祖和曾祖，旁及平辈兄弟，馐腥之资皆自曹成阆处取给。嘉庆乙丑年（1805），他的二哥曹成邑骤得风疾，曹成阆听闻，从任教的私塾连夜仓皇归来，与诸侄同侍汤药，十余日衣不解带。又过了两年，他的长兄曹成章参加岁试时在府郡染疫病，连床都不能起。当时交通联络都不发达，家里人都还来不及知道，照顾长兄的只有曹成阆一人，他调羹汤求医药，终于寻得良医治愈了长兄。回家后，曹成阆酣睡三天，家里人勉强叫他起来吃饭，吃一点又接着睡，后来询问缘故，才知道他为了照看兄长已经半个月目不交睫了，又兼连日奔波，所以才困乏至此。道光丙戌丁亥年间（1826—1827），曹成阆用自己积攒的束金买进若干斛麦子，其兄长曹成邑患病在床约两年之久，凡生前衣食所需，没后装殓之费，都由曹成阆卖出这一批麦子的资金提供，等曹成邑下葬，麦子已经一无剩余了。后来又遇到连年饥馑，兄弟各家生活困顿，曹成阆又把自己微薄的积蓄带回家。有人劝他要为自己的将来打算，留点积蓄，曹成阆慨然说："我没有子嗣，无法承先人香火，这些身在困境中的人都是曹氏先人之后，我岂能眼见他们身处困厄而不伸以援手呢？"于是把自己的所有积蓄分给诸位兄弟，族中人也多赖此渡过难关。曹成阆虽无子嗣，却以家族利益为念，极尽兄弟叔侄之血缘亲情，孝悌之家风已融入其血缘亲情之中，成为曹氏昌盛的重要动因。

（四）乐善好施

　　曹氏族人起家于垄亩之间，对田间耕作的辛苦，及百姓生活的艰辛体会深刻。自曹氏族人经济条件好转，尤其在科举上日渐兴盛以来，经几世累积，家境日渐丰裕。曹氏家教家风良好，具有关心乡里民众疾苦、乐善好施、轻财好义、济人急难的优良传统。曹氏族人向以济贫赈灾、关心乡梓为己任，为邑人所敬重。七世祖曹汝勤的妻子王宜人，每到祁寒，就会念及亲邻中的挨冻受饿者，捐衣捐物一一赈给。有一年大雪，监牢中有犯人因冻饿倒卧狱中，王宜人听说了，令家僮送去柴火，又准备了鸡黍浆酪等饭食，并不时派人送去米粮，狱中之人无不称善。王宜人对于身陷囹圄者的雪中送炭，于受惠者而言，无论是物质上还是精神上的慰藉都足以令人动容。曹汝勤和妻子一样，也是个怜贫扶弱的人，平日里轻财乐施，好周人之急。亲朋故友有家贫不能婚娶或是入葬的，多依赖曹汝勤而成事。即使家无余财，曹汝勤也不惜出俸金济困救危。遇到家乡有饥馑，曹汝勤就给儿子曹一麟等写信说："我们今日的荣禄，都是祖上的恩泽，我们族里人哪个不是祖先的遗孤，如果曹氏族人中有人不能自存，祖宗该作何想，何不出俸金周济之？"曹汝勤把俸金全部拿出，购买粟米，用于赈济，由是族中饥馑者能赖以果腹。曹汝勤的哥哥曹汝励也是有仁义之心的人，但凡乡里有鳏寡孤独，曹汝励就时常济之饘粥。在饥馑的时候，平民百姓赖此活命者不可胜数。平日乡里有嫁娶丧葬不能举办、贫穷潦倒不能自存者，都量力接济。当时安丘县令听闻曹汝励贤名，数次相请，终于得见，见而慨叹说："曹儒硕彦，苍颜下心，相见何晚！古今称有一种贤人把别人当作父亲一般侍奉，曹老先生不正是这样的人吗？"曹汝勤的儿子曹一麟为人处世一如其父，平日里资助了乡人粮食财物，也不责其偿还。亲戚朋友邻里有困难就会想起向他求助，曹一麟总是尽己所能，让生活困难的亲族乡人病了有药治，死了能安葬，喜事有庆祝，哀事有慰藉。有一年大饥馑，曹一麟每日设粥厂，又捐远郊田地数亩为冢，让贫寒人家掩埋亡故亲人。曹一麟的儿子曹应垲，也是性情磊落，慷慨好施，好济人之困。他的孙子曹铨平日里勤俭持家，一把破梳子，二十年不易，看上去像个吝啬之人；但当乡里大旱，田里颗粒无收，人至相食，曹铨则倾仓赈贫，先族人，次姻亲，再乡邻农佃，资助数百人有余。十四世曹玉田亦善于持家，年轻时就代父亲主持家计，一门雍睦无间言，他为乡里督修学宫，不辞劳瘁，平日又好蓄备良药救治乡邻，族人乡里多受益于曹玉田的善举。安丘曹氏的乐善好施之举，包含了一个文化世家自觉的社会责任感和对于树立儒家仁爱家风的向往与努力。

安丘曹氏不仅在经济上给予乡邻帮扶，同时又以其良好的家风树立起家族的威望，以家族成员高尚的品格作风化育乡里，影响着乡邻间良好社会风尚的形成，其良好家风除了能恂谨自好之外，又能以其典范的力量兴憎恶扬善之风尚。曹汝勤生性严毅，端方不苟，致仕后居为乡绅，平时不干外政，但是只要有不平事让他看到，就顿时心生豪侠之气，不论是乡绅豪族还是官吏大员，必诘责问明，以求公正。乡里人都敬惮他，有人偶尔做了不好的事情，远远见了曹汝勤就掩面而逃，唯恐被曹汝勤知道。曹汝勤晚年集有《古士女八行》一帙，给族中和乡里的妇女儿童讲解讽诵，于是乡里一提起家风好的人家，个个言安丘曹氏，并由称赞倾慕而至效法，曹氏家风为乡邦风尚带来积极的影响。十六世曹大章生性淳厚，尚忠心，敦孝梯。他性好施济，救人之急，不计家之有无，贵重之物也不吝惜分给别人。乡里有个性情粗暴的人，每每有事就向曹大章求助，曹大章已经帮助了他很多次，后来有一次不能满足他的心意，就突发狂悖，指责曹大章，旁观者实在看不下去了，为曹大章鸣不平，想要群起殴打这个无赖。曹大章阻止说："我没有办法教化他暴戾的性格，又没有能力满足他的升斗之求，反观我心，实多愧疚，又为难他做什么呢?"曹大章不仅不为难这个人，还把自己的衣服典当了，把钱拿给这个人。这个老乡后来醒悟，越想越惭愧后悔，遂向曹大章负荆请罪，之后与曹大章相处也更为亲睦。曹氏族人曹金符也是个性情和善的人，平时寡言少语，从不与人计较是非。乡里有互相斗争闹矛盾的人，曹金符就温言为之剖说道理是非，闹矛盾的人服其德行明理，都俯首听从，捐弃前嫌，和好如初。乡人感叹说:"如果人人都能像曹公这样，何争之有?"曹氏家风的笃厚，在乡里树立起传统道德的典范，为乡邦良好风尚的形成尽到了一个文化世家应担负的社会责任。

五、忠信传家

（一）崇儒守义的忠信家风

明清时期，儒家思想在国家意识形态中居于主导地位。明清士绅阶层，当然也包括众多的文化世家在内，其家族教育的核心内容也往往是以儒家思想为基础的。儒家内圣外王之道被奉为家族教育的圭臬，是修身、齐家、治国等教育内容的核心指导思想。内圣外王体现了儒家政治思想中道德与政治的直接统一，内圣注重个人的道德修养，这种个人道德修为往往要上升到治国平天下的政治实践活动中，从而实现政治上的外王之道。文化世家为提升家族内在实力和外在社会影响，会通过家训族规等一系列教育方式，把儒家思想中的伦理道德观具体化、通俗化，施之于家族教育，使之成为家族成员内在的品德修为；而随着家族成员走向社会、走入

仕途，"外王"就自然成为了"内圣"的延伸和结果。安丘曹氏自明洪武初移家安丘，在起家之初，就选择了以儒学治家，并自始至终把儒家伦理教育放在家族教育的首要地位。儒家思想的核心内容始终贯穿在安丘曹氏的家族教育中，儒家思想所强调的"忠、信、节、义、孝、悌、勤、谨、仁、礼、廉、爱"始终是曹氏家族所奉行的族训规范。曹氏家族对于以儒传家总是抱持积极主动的认同感，而对于佛道二家则相对淡然。一直到当代，曹氏家族后人仍然崇尚务实，而不喜谈神佛之事。曹氏对于儒学的选择也正是时代的选择，儒学在封建政治中占据着主导地位，这如同一根指挥棒指导着历代有兴邦立业渴望的文化世家。安丘曹氏对于儒学的选择可以说既是家族的选择，也是客观条件下时代政治的选择。文化世家世代业儒为朝廷培养了大批文化精英，如果知识分子放弃了正统的儒家观念，则王朝也就失去了有力的支撑和保障。从治国安邦的官品到兴家宜室的人品，儒家道德伦理浸透在曹氏家族教育的方方面面，成为其家族代代相承的家教门风。曹氏家族成员入仕者甚众，其清正廉洁的为宦风格正是家族以儒学思想为核心的教化结果。

曹氏家族对儒家伦理道德规范的选择代代相承，家族成员从孩提时起就接受儒家传统价值观的教育。曹贞吉的父亲曹复植，生性质朴廉洁，不喜谈钱财之务。六朝时有个士大夫叫王夷甫，生性雅洁，口中从不言钱字，他的妻子趁王夷甫睡觉的时候故意把铜钱堆绕在他床前，看他怎么说，结果王夷甫早晨起来，虽然铜钱绕床，但就是不言钱字，对婢女说："搬走阿堵物！"阿堵在六朝时就是"这个"的意思，阿堵物就是"这个东西"，后来人们就借王夷甫的典故，称钱为阿堵物。曹复植也有如此雅癖，口中不道阿堵物，为人处世，不贪不占，廉洁自律。他的儿子曹贞吉6岁时，有一次到外祖刘正宗家走亲戚，刘正宗当时是朝中大员，家境富裕，见外孙来了，好生招待之后，又给了曹贞吉一百钱当零花钱。父亲曹复植见曹贞吉拿着钱回家后，很不高兴，说："儿啊，你为何如此不清廉呢，在外祖家又吃又喝，怎么能再拿钱回家呢，快快送还给外祖家！"当时，曹贞吉年龄虽小，但感于父亲严于律己的节义，也觉得无地自容。曹复植在日常生活的一言一行中已成为后辈学习模仿的典范，影响教育着后辈。曹复植平时交友谨慎，轻易不许诺，一诺千金，疾恶如仇，遇小人唯恐避之不及。日常生活中他安于俭薄，与妻子相敬如宾，很少能看见他疾言怒色的时候。曹复植谨慎的择友观、疾恶如仇的善恶观、夫义妇顺的夫妻关系、简静平和的生活态度，无一不体现着儒家传统伦理道德规范，也同时影响和指导着曹贞吉曹申吉兄弟。安丘曹氏家族中，如曹氏父子一样，循从儒学之归旨者代有其人，已蔚然而成一氏之家风。

以儒家文化思想为归旨的曹氏家族家风，忠信特点尤其突出，忠则为国为民，诚心尽力；信则为人诚实不欺，真实可靠。居家为诚信之人，出仕为忠贞之臣，虽言家风，又系国运。

曹氏家族与山东大部分文化世家一样，承袭了自古以来山左文化世家质朴仁厚的道德风尚，质朴不奢靡，又诚实不虚伪，为人处世，重义轻利，诚信不欺；在注重血缘亲情、保家兴业的同时，又能担负起自己的道德责任，惠及一方。曹氏家族持家之道，向以克勤克俭为尚；而曹氏治家虽俭，却深识信义二字的道理，作为乡邑著姓，曹氏施财资以惠乡民，行德义以化民风，担负起了一个邑中大姓的道义责任。曹氏以耕读传家，经历代苦心经营，其优越者已经家资颇丰，遵循家族"信朋友、顾贫穷、恤孤独"的族训，曹氏家族成员之间，姻亲乡邻之间，贫富穷达，互为救助，家风淳朴。曹氏家族节操义行不仅限于睦宗族的伦理观念，更以强烈的道德责任感，躬身践履优良家风，善行义举惠及乡里，影响一方民风。曹一麟在世时，凡族人乡邻，有不能自给自足的人家，春天开始农耕时节他必定贷款给他们，贷款人不能按期归还也不督责其偿贷。曹一麟去世后，原本没有偿贷的人家又有要求再次贷款的人，家人劝曹一麟的妻子张太孺人说，丈夫去世，生活本来就比之前艰难了，不能再贷了，然而张太孺人却对她的孩子们说："这些乡亲都是你们的父亲生前所交好和体恤的人，一旦我们拒绝贷款，令其生活困难，必生绝望情绪，而且这原本也不是你们父亲要做这件事情的本心。"于是仍旧贷款给急需的人。和丈夫一样，张太孺人也令家人不要急着责令其偿贷。曹一麟的儿子曹应枳也和父亲一样，为人有至性，偶傥有侠气。有人有事找他，必定尽心帮助，有诺必行，有行必果，脱人之危、济人困乏之事不可枚举。十七世曹豫峰，生平论学重实践，教导族中子弟，常说圣人典籍不仅是用来吟诵的，更重要的是要把其中的道理付诸行事。他说到做到，为人热心，乐善好施。有人有求于他，自己家里有一斗米能给人半斗，身上穿的衣服，脱下来给需要的人，从不吝惜。遇到误入歧途行事不端的，必定诚心劝阻使其改正；只要改了，曹豫峰就不吝称赞，对其以往劣迹一概不再计较。对于品格高尚的人，曹豫峰则更是尽己所能，扬其德行。当时，乡里有个王姓孝子，风餐露宿为双亲守墓，曹豫峰听说了，亲自率领两个弟弟，为王姓孝子筑起守墓的茅庐。曹豫峰行字立山，乡里与他有交往的人，都说："与立山交谈，如坐春风中，和气煦人。"曹氏家族成员在经济上改善乡民生计，精神上树立德行的榜样，不仅家族门内诚信之风代代相承，同时也敦促着地方淳厚民风的形成。

　　曹氏家族成员身体力行，恪守族训，坚守节操义行，有时甚至会为之付出生命的代价。孔子言君子当"守死善道"，美好的品格、良善的道义拿生命去维护都是值得的。有许多曹氏家族成员为捍卫忠贞诚信、正义真爱而不惜付出生命。十二世曹申吉在三藩之乱中为国殉难是对国之忠贞，是善道。十八世曹会与妻子李氏，忠贞不贰的夫妻情感，也是善道，是曹氏忠信家风的体现。清咸丰十一年（1861），反清农民起义军捻军自潍县进入安丘。为避兵祸，安丘富户大族自行组织民众防卫。在这次战乱中，安丘县的绅民、妇女殉难的各有数千人之多。这其中，安丘曹会妻子之死令人动容。咸丰十一年（1861）二月兵乱中，曹会与妻子李氏避兵三山西涧，不幸与一伙捻军遭遇，想要劫掠李氏，李氏不从，挣脱敌手，一头撞在一块石头上仆倒在地。捻兵一看李氏倒地了，转过来又拿枪指着曹会，危急时刻，苏醒的李氏突然站起身来，对捻兵说："放了我丈夫，我跟你们走。"捻兵劫掠了李氏，扔下曹会就走了，李氏估计着距离丈夫越来越远，丈夫应该安全了，就大骂道："狂贼，为什么不快点杀了我，我岂是能从贼人的人！"捻兵抽出刀刃威胁李氏，不想李氏挺身直冲刀刃，丝毫不畏惧，捻兵被激怒，残杀了李氏。曹会的妻子李氏以性命保全了丈夫，曹会本身也是个

颇具内行的君子，妻子李氏为其罹难之后，曹会感动于妻子的情义，遂决意终身不再娶。抛却封建伦理道德中节烈的约束不论，曹会妻子的贞烈勇敢，曹会对妻子之死的感恩与知己之念，均堪称人性的亮点，超越了一般意义上封建伦理规范的时代局限。

明清文化世家非常注重修身齐家，但其更大的期望则是以此增加家族成员入仕的资本和机会，通过忠信节义的品德修养和科举的成功，渐次完成治国平天下的理想，实现个人及家族的社会价值。这也正是儒家思想中家国一体的政治伦理的体现。曹氏对国家朝廷的忠信是其家规中的一项严格要求，其家族族训族规强调对于国家政策的拥护，要求族人按规定完税纳粮，敬畏官法，不酗酒、不沉溺声色、不好斗、不欺负弱小、不崇信邪教。这些训诫既是修身齐家的条文，又同时与国家统治政策相为表里。在一定程度上文化世家犹如宣扬国家意识形态的基层推行者，通过科举入仕的家族成员实现了家与国的密切关联，使家族成为国家统治下的一个不可或缺的组成部分。它们督导家族子弟遵循家训，积极支持国家各项政治策略，成为封建国家意识形态的拥护者，由孝悌至于忠贞，实现封建政治伦理中对于士大夫忠孝两全的最高要求。忠义贞信始终是曹氏家族奉行的处世原则和家风，曾子曰："吾日三省吾身：为人谋而不忠乎？与朋友而不

信乎?"这种对于忠信节义的自觉遵循,也是曹氏家族所奉行的道德准则。曹氏在家族教育中首重德育,以民为本,忠贞守义,不论在朝在野,其为人处世多有可称道者。

　　曹氏家族入朝为官的成员中,不乏清正廉洁、不畏权贵而被罢官的人。像曹氏八世祖曹一麟是其家族较早中进士入仕途的,曾任吴江县县令。吴江为南北都会,万货鳞集,政务繁剧,一邑赋税常常以数十万金计。历届县令因贪污腐败而被解职的人比比皆是,当地的权豪势要又常有趋利者借官府符牒向商人索贿,许多中小工业商者不堪其苦。曹一麟一到任,就严明法度,治以刑法,不几年吴江县积赋为之一清,奸邪敬畏而不敢妄动,于是书生安于读书,农民安于田亩,商贾安于贾市,百姓深为受益。然而曹一麟的廉洁干练,却触及权贵利益,成为他被罢归的因由。因为曹一麟的廉正精干,时任苏州总理粮储兼巡抚赵忻请他代督邻县未缴及逃脱的赋税。督缴赋税在明代中后期一直是一件棘手的事情,势豪大族互相党结,有的一家四五年不纳钱粮,有的一人积欠数千银两,原本能在逃税中得利的权豪猾吏等,会竭力反对,为了自身利益谋划应对之策。结果由于曹一麟执政严格,不媚权贵,遂导致他本人连同与他一起办事的苏州总理粮储兼巡抚赵忻、松江府同知刘敏政等均遭遇中伤贬谪。赵忻、刘敏政各降三级任用,曹一麟则革职为民。当时的嘉靖皇帝已基本将朝政托付给了权相严嵩，不问国事，朝中官员虽知道这件事有冤情，也无人敢伸出援手。曹一麟离任之日吏民恸哭，拥车前后数万人，致使车不得发，而曹一麟泰然对众人说："事情终久会有大白天下的一天，这种事何足以侮蔑我的品格呢！"自此后，曹一麟绝意进仕，虽有出仕机会，但终能恬淡视之，在安丘家乡以造福乡邻为乐事。

曹氏出仕者为国为民，更有在战乱中信守忠贞节义，甚至为国捐躯者。明崇祯三年（1630）曹应枳授陕西凤翔知县，当时有流寇肆虐秦中，所过之处，无城不摧。曹应枳上任之日起就日夜监视敌情，砺兵储粮，激励丁壮，准备守卫战具，历时 7 个月，几乎无休息，终至积劳成疾，卒于官任。清雍正丙辰恩科举人曹良，历任曲阜教谕、陕西褒城县知县、贵州平远州知州。曹良仕宦历程中的最大功绩就是任陕西褒城县知县期间，为金川之役筹备军需。金川之役是乾隆帝平定今四川阿坝藏族自治州金川和小金川等地藏族土司的战役，是乾隆皇帝自诩的"十全武功"之一。"十全武功"是乾隆皇帝在任期间所经历的十次重大战役，金川战役集中进行了两次，因持续时间长，耗费了巨大的人力物力。乾隆帝自己也曾说："我赖天恩，平伊犁，定回部，拓疆二万余里……然费资不到三千万，成功不过五年。而两金川小寇，地不过五百里，人不满三万众，而费资至七千万，成功亦迟至五年。"为应对巨大的军费开支，除了国库拨银之外，清政府还从四川及大量周边省份筹集银两。曹良于乾隆十五年任褒城知县，正是在第一次金川之役期间。褒城县设屯兵一旅，而曹良作为地方长官保证了一切军需应付无缺，后卒于贵州平远州知州一任，也是一位鞠躬尽瘁的好官。三藩之乱中，时任贵州巡抚的曹申吉被执 7 年，最终舍生取义，终能坚守忠贞之道，无负于君，亦无负于家国。曹氏家族清正廉洁、恪尽职守、关注民生、忠贞诚信的品格，成就了曹氏优良的家风传统。

安丘曹氏的忠信家风，不仅体现于在朝为官的家族成员身上，还体现于许多居于乡里未出仕或是致仕回乡者身上，他们虽远离堂庙，但以乡间士绅的身份，同样以家国为念、以忠贞为本，维系了曹氏忠信家风。

明清时期，官员多来自科举，通过科举入朝为官是封建时代许多士子所向往的人生目标，也是文化世家大族对于家族成员的期待。然而科举之路异常艰辛，十年寒窗苦，一卷定终身，为了挤过科举这座独木桥，许多人甚至不惜作弊贿赂，更希望朝中有人相助，晚唐杜荀鹤满腹才华，屡试不第，慨然而叹："空有篇章传海内，更无亲族在朝中。"然而在科举功名与忠贞诚信之间，不同的人却选择了不同的答案。康熙二十年辛酉（1681）曹贞吉次子曹霖参加乡试，这一年山东乡试的正考官是翰林院编修曹禾，副考官是刑部郎中林尧英。当时曹贞吉在京师任中书舍人，曹禾、林尧英均为其挚友。曹霖听闻主持考试的考官是父亲的挚友，为避嫌，立即驰归弃考，众人都非常赞赏他的高行。与很多人对科举功名的汲汲以求相比，曹霖之行可谓忠而信者。曹氏未入仕途者居于乡里，亦同样能以家国为念，行忠贞诚信之义行。十四世曹赓生平足不涉官府，而事关民社，辄与士大夫详陈利弊，乾隆丙午（1786）岁大饥，县侯打算以平价收购民间的储粮，曹赓说："粮价一平谁肯出粟呢，这是越发使饥饿的人无粮可吃啊！"县侯闻之叹服。曹赓又好周急人难，凡能力可及者无不勉力为之。他有仁善之心，待人平等宽厚。姻亲中有的人家因生活困窘，不得不放弃读书，而从事手工艺甚或沦为庸工。曹赓并没有世家大族主子的倨傲习气，而是对这些亲戚爱恤有加。不仅自己如此，还特意告诫子弟一定要同等相视。曹赓还特别优待佃户，岁终必置酒犒劳，根据当年的收获分发相应的福利，体恤周至。他还曾刻《痛婢序》抒写婢仆之不易，劝人对之多加体恤，识者感叹。曹赓待人处事所体现出的平等仁爱思想，对于封建时代的士绅来说实属难能可贵。十六世曹大章事迹亦复如是，曹大章在家乡设帐授徒，勤恳不倦，性情宽恕。有一次在他义塾中执教时，书具被窃，盗窃的人被官方捉到。窃贼所盗的是义塾中的书具，义塾是旧时不收学费的私塾，本来就是为了贫困人家的孩子入学而设的，因此，官方要对窃贼治以重罪。曹大章不仅不对盗贼严加苛责，却出面为之开解，以义行感动盗贼，让他知错忏悔，最后免于牢狱之灾。曹大章的宽容仁厚，不仅有助于地方官的吏治清明，而且对于乡里质朴敦厚民风来说亦堪为典范。曹氏家族作为一邑著姓，常常自觉担负起乡里的公共事务，身在田野而心系庙堂。如明代末年，流寇蜂起，曹贞吉的爷爷曹铨致仕后居于安丘老家。敌兵压境之际，曹铨招聚家族中众人说："我受朝廷之恩，当与城共存亡，你们都各自为谋，出城去寻条活路吧。"于是命令儿子曹复植赴安东卫，另一子曹复彬迁入安丘县西南山中。在这次战乱中曹铨、曹复植均殉难，曹铨为守城而主动请缨留守，忠义可鉴。

儒家伦理观念自汉罢黜百家、独尊儒术以来，早已深入人心、根深蒂固，经宋明理学的发挥，明清时期，更是得到完备和强化。文化世家的家风以传统伦理道德为指导，要求家族成员修身养性，在内严尊卑之别，在外守君臣之义，形成父慈子孝、兄友弟恭、夫唱妇随、仁孝节烈的门风，成为文化世家备受肯定的家风。而在维系这一家风的过程中，愚忠愚孝愚节等禁锢个性与个人价值的道德约束也同时存在，时至今日，我们自然要审慎对待、明辨是非、存其精华、去

其糟粕。儒家传统伦理文化中确实有许多价值观直至今日仍值得肯定和借鉴，这是毋庸讳言亦毋庸置疑的。对于以传统儒家伦理思想为核心的文化世家的家教门风而言，其与宗族观念结合在一起对许多中华民族优良传统的形成和传承起到了很大的作用，曹氏忠信家风就是对当代精神文明建设的一个很好的借鉴。

（二）清正廉直的仕宦之风

曹申吉于康熙二年（1663）撰安丘曹氏族谱序，以族训口吻告诫曹氏族人做官的原则说："读书而有所成就的，朝廷任命则出仕，出仕不期望必定做大官，但要能做到不欺君，不谋私利，不好大喜功，不排挤僚属，不逢迎上司而草视庶民。"曹申吉是清初安丘曹氏仕宦的代表人物，他的话既是对后辈族人为官的殷切期望，也是对前辈族人仕宦之风的总结。安丘曹氏明清两朝，形成了竭智尽忠、清正廉直的仕宦之风，为历代曹氏仕宦者所遵循。

为官清廉、公务勤谨是曹氏仕宦之风的基本原则。安丘曹氏代表人物曹贞吉就是一个清廉的官员。曹贞吉曾到安徽青阳办公，到任伊始，地方诸官吏奉上白银三千两，说

这是按例征收的漕运税金，用以济公私之用。曹贞吉哑然失笑说："你们如此行为，实在有失检点，你们拿金银给我，这不如同是拿腐臭的老鼠给我吃吗？码头近在县门，何须这么多银两。"曹贞吉为什么视金银如腐臭的老鼠呢？这源于《庄子》里记载的一个寓言故事：南方有一种鸟，名叫鹓鹐，鹓鹐生性高洁，不是梧桐树不栖息，不是竹子的果实不吃，不是甜美的泉水不喝。鹓鹐要从南海起飞，飞到北海去，遇到一只鸱鸟拾到一只腐臭的老鼠，看到鹓鹐从它面前飞过，鸱鸟以为鹓鹐要抢它的老鼠肉，感到很惶恐，不禁发出"吓吓"的怒斥声。而实际上，鹓鹐当然不会把腐臭的老鼠放在心上，只有避之唯恐不及。曹贞吉以鹓鹐腐鼠的典故明清廉之志，把奸猾小吏贿赂他的金银视若腐鼠。在曹贞吉主政期间，以往横征漕运之税的宿弊为之一清。曹贞吉廉洁的官风令一众幕僚敬佩，无不凛凛奉法，不敢凌越国法。康熙戊辰年（1688）冬曹贞吉晋升封奉政大夫，在原官衙检点行囊，身无长物，只有折叠扇数十把，还是自己出俸金购买的。曹贞吉淡于名利，为官三十余年，家无积财，不识阿堵为何物。这不禁让人想起他小时候，从外祖家接受几文钱都要被父亲责备，要求送还。这种严格教育，让他自幼就有不贪不占的意识。成人为官后，这种优良家风也得到了很好的传承。曹贞吉的儿子曹涵任扬州知府，上任之日，一进官衙，见一切铺陈器用无不完备，于是询问属下是怎么回事，属下说这是沿先例所备办，以前各任长官向来如此，曹涵闻言立刻命令尽数发还，不存留一件。平日里家中用的柴薪蔬菜，曹涵都是给现钱命老成家人置买，不取百姓一丝一粟。反倒是平时郡邑中有修葺杂役等事务，需要百姓出资的地方，曹涵就拿自己的薪俸代为供应。曹涵所任的扬州府盐运司事，在很多人眼里是一个肥差，他上任三个月，所积盐税就达数十万金，上交国税后，所有剩余一律归公，曹涵纤毫无所取。因为曹涵在兄弟中排行十三，家乡人说起县中能称得上廉吏的人，个个皆言非"曹十三"莫属。安丘曹氏族人出仕者无不以清正廉洁为本色，拒绝贿赂，清廉自守，不搞特权，其家族廉洁自律的仕宦精神，足以彪炳史册、警醒后人。

曹氏族人不仅为官清廉，而且处理公务态度勤谨。曹贞吉平时与儒生谈文制艺，公务之暇，延接士子，与之谈文讲艺，温和恭谨如一介儒生。而当他身在官衙，办起公事来，则星瞳戟髯，正气凛然，那些猾老吏胥，个个战战兢兢，不敢仰视，即使身罹疾病，但凡身体能支撑得住，也是日日赴衙门办公。他的儿子曹涵曾任辽宁盖平县令，因为盖平与朝鲜接壤，边界线内多土豪旗人、无籍流民，刑事案件较多，其中许多是多年未决的积案、线索难寻的疑难案件。曹涵到任后，无不一一细心勘察，还民以公道，表现出了非常谨慎的处世态度。曹涵任扬州知府期间，以六十多岁的高龄，率属下督修乾隆帝行宫，事无巨细，终至积劳成疾，一病不起，而归橐萧然。像曹贞吉、曹涵父子这样勤于公务，兢兢业业，克己奉公的曹氏仕宦人员往往而是。忧劳可以兴邦，淫逸足以亡国，曹氏族人于国于家，可谓是殚精竭虑、舍身忘己。历明清两代，为官清廉、公务勤谨已成为安丘曹氏族人重要的仕宦文化传统。

　　安丘曹氏家族成员为官不以求宦达为尚，而是以一颗赤子之心关注国计民生，尤其当事情涉及百姓日用生活、身家性命的时候，更是不顾一己之私，不以仕途为念，一心为民，感人肺腑。曹贞吉之子曹湛，字露繁，康熙辛酉举人，曾任广东遂溪县县令。遂溪县滨海，曹湛上任后正巧遇到风涛之患，百姓受灾严重，同事皆担责不敢上达，独曹湛敢于为民请命。他简装轻骑，遍勘灾情，通报给上级，使灾情得到及时的处理，不致让百姓流离失所。又当时因灾祸米价上涨，百姓衣食无着，官府如不开仓平粜，则难以解决民众难题。然而开仓则必须先报明上官，而等上级批示后再行粜卖，往返之间，往往需要数月的时间。西汉名臣汲黯，为官清正，关心民生疾苦，汉武帝曾派他去视察河南水灾，汲黯见百姓受灾严重，于是不畏矫制之罪，以皇帝使臣的名义持节开仓放粮，赈济贫民。曹湛说："先贤汲黯发粟的故事不就是个好榜样吗？"于是不等上级批复，就开仓出粟，以平市价，结果几乎因此而获罪。后来又未经上级允许，设厂煮粥，百姓因此而顺利渡过灾难，赖此活命的人不可胜数。然而遂溪县粮仓存粟不过数千石，自曹湛平粜煮粥，几乎没有什么粮食储备了，曹湛的一些朋友很担心他的安危，质疑说："你未奉朝廷官文而空仓储，这从爱民的角度说是可行的，可是你怎么对朝廷交代，又把你自己的身家性命置于何地呢？"和百姓的性命相比，曹湛显然并不以自己的身家性命为念。在任5年，他生活寒苦，杜绝一切贿赂，百姓有获罪的人，也仅是蒲鞭示辱而已。曹湛因病离职之日，为他送行的民众不下千万人，无不为之潜然泣下，甚至有送到200里之外才返回的人。曹湛曾作诗记云："五年瘴海历风埃，面黑头斑万里回。非忆莼鲈解组去，只缘衰病乞身来。使君无德留堂荫，父老多情劝酒杯。珍重山城折柳处，白沙翠竹共徘徊。"官民鱼水之情，委实难得。十四世曹锡田，也同样勤于恤民，曾任巴东知县，巴东多水，许多百姓以捕鱼为业，常年漂荡江上，以船为家。曹锡田因为担忧会有老百姓因交通不便等原因，而使冤情不能上达，他就在江水的诸岛之间把小木筏连起来，设幕受理百姓的诉讼，号称"帆下琴舫"。十六世曹尊彝，在刑部时，向以整肃严明著称，然而每当秋季审讯死囚的时候，曹尊彝却反复为之寻救生存的机会，经常看卷宗到深夜，还是辗转不能成寐。家人问他说："死囚罪有应得，为何自苦若此呢？"曹尊彝则说："老百姓的生命怎可草菅视之？欧阳公不是说过吗：'求其生而不得者，与我两无憾也！'怎么能执例杀人而漠不关心呢！"平民百姓处世艰难，亲民爱民、善待百姓的清官廉吏从来都是百姓所渴望的。

为民请命、体恤民情是曹氏仕宦之风的一个重要出发点。安丘曹氏在仕宦中坚守了一心为民、清正廉洁、刚正不阿的仕宦原则。天启二年（1622）壬戌进士曹铨衡，授河北省宁晋县知县，他就是一个洁己爱民的好官。明清时在赋税正项之外，又常有加征的税额，叫火耗，曹铨衡上任后尽除火耗。遇有诉讼，从不纵容当事者以金钱赎罪，这样做并不是为了严刑惩罚，而是希望能让犯错的人通晓人情事理，知道自己错在哪里。曹铨衡常为当事人晓譬曲直，令人悦服。即使逮捕犯人时，曹铨衡也总是以不扰民为念，力避官呼吏呵的排场，常常是民不识吏，乡无犬吠。当时河北高邑县有一赵公为太宰，势焰熏灼，地方长官无不曲意奉迎，独曹铨衡置若罔闻。恰有一宁晋县主簿出于太宰门下，而且借太宰势力，鱼肉乡里，为所欲为。曹铨衡正色制止，主簿怒而辞职，曹铨衡请于上官后就准许了。主簿愈加愤怒，向太宰谗毁曹铨衡，太宰依势上书河北抚按，想要弹劾曹铨衡，河北抚按说："这是河北第一贤令，事情真如你所说吗？"抚按不为所动，并私下告之曹铨衡，让他自行想办法开解，但曹铨衡凛然说道："我怕的是不能为民办事而失职，太宰并非我之所惧。"这时又适逢河北代巡按潘雷龙要入朝复命，明代巡按御史是监察御史分赴各地巡视地方政绩的官吏，负责考核地方官吏治，潘雷龙回朝后，以曹铨衡为循良之首举荐，赵姓太宰知道后，更把曹铨衡视为心腹之患，于是想连同潘雷龙一并加害，潘雷龙被迫称病回避。太宰又指使盐运使上奏章弹劾曹铨衡，曹铨衡为此被谪官，百姓闻之号哭，离官之日，众人卧辙攀辕令车不能行，俗话说："群众的眼睛是雪亮的。"官位易得，民心难求，曾受惠于曹铨衡的百姓以自己的行动还了他一生清名。后来太宰势衰后，曹铨衡又官任汝宁教授，第二年，转升国子监助教，以疾终。曹铨衡平时温然如处子，言语迟缓，貌似拙钝，但当他担任县令、为民陈说利害的时候，则直言敢谏，凛然无惧。明代翰林院修撰余煌概然评曰："使其当大任临大事，凛凛风节虽古汲黯无以加焉。"西汉名臣汲黯历代为后人所称颂，余煌说曹铨衡凛凛风节虽汲黯无以复加，可谓的评。曹氏家族秉承儒家仁民爱民的优良文化传统，其为民请命的浩然正气，体恤民情的拳拳之心，正不枉百姓万人空巷相送之情，历时千年缅怀之意。

清代曹锡田书法作品

直言敢谏、兴利除弊是曹氏仕宦风格中的一大亮点。曹氏第一代进士曹一凤平时遇事通达，性格持重，而为官则气势劲健，不畏强掣。晚年他总结自己的一生，常慨然说："我为官常怀中正之心而已。"正是这中正之心，促使安丘曹氏仕宦成员为官直言敢谏，所作所为无不以兴利除弊为计。曹申吉巡抚贵州期间，凯里、广顺等地苗民相继起义，朝廷一派兵镇压，苗民就败退山林，时日一久，又揭竿而起。这时许多将领为邀功，纷纷上奏搜剿之策。唯独曹申吉力主抚议，认为只要歼灭了领头闹事的人，其他人自然解散，既避免了大量杀戮，又保证了地方上的安宁。曹申吉胸怀大略，所上疏奏涉及税费改革、治安管理、行政区划改革等，均以民生为本，富有革新精神，因符合国家统治的需要而总能得到皇帝的批准。康熙十二年（1673）曹申吉上疏改革贵州混乱的行政管理制度：原本设官分职，应当上下相连，责权清晰；但当时贵州省知府、知县，官责不清，赋税收缴制度复杂。曹申吉这一疏奏站在封建统治的管理制度建设上来说，无疑具有积极意义，其他如《改设县治疏》、《革场税疏》、《更正经费疏》等无不是经国之大计，兴邦之良策。这种直言敢谏、兴利除弊的作风在曹氏家族成员的仕宦经历中往往而是。曹氏家族成员信奉在其位必要谋其政，为官一任无功便是过，一切以家国利益为上，勇于承担，精于谋划，他们皆实为兴邦安民之良吏。

　　安丘曹氏仕宦族人中出现了许多担任各级考试的主考官，他们摒弃营私舞弊，公允取士，为国家拔擢了许多优秀人才。曹申吉于康熙己酉（1669）年复核各省乡试，此前任职的官员处理类似事情的时候，常因诸多细节的失误，导致非议纷纷；而曹申吉悉遵法典，人无异辞，许多策略被后任官吏仿而效之。曹贞吉也多次主持科举考试，在安徽任职期间，曾在安徽青阳办公，主持童生试。曹贞吉不借幕宾之手而是亲自批阅考生试卷，使县中孤寒读书士子深有被赏识奖拔之感。曹贞吉多次主持各级科举考试，因其善于提拔优异人才，取士公允，清代名士马步元称赞他："襄棘闱则桃李盈门，试桂林则珊瑚入网。"以桃李、珊瑚来形容曹贞吉所延揽的人才，正是对曹贞吉辨才眼光的赞誉。还有人称赞曹贞吉提携后进有"昌黎庐陵之风"。昌黎即唐代韩愈，庐陵即宋代欧阳修。韩愈、欧阳修均喜奖掖后进，提拔人才。曹贞吉取士亦是唯才是举，公正严谨。古代科考录取人数极少，士子们受尽十年寒窗苦，或许仍然不能博得一第，如果再遇到科场舞弊、取士不公的状况，对传统文化中向来以"学而优则仕"为人生目标的士子们来说，实在是一个严重的打击。安丘曹氏为宦者秉持公正之心来主持科考，为士子之幸，更是国家之幸。

　　安丘曹氏族人身在宦途，凛然正气，不惧强权，勤政爱民；然而对于功名利禄则淡然视之，得之不喜，失之不忧，安贫乐道，恬然自适。十二世曹贞吉一生沉浮于宦海，为官之日，黎民敬仰；而归居乡梓，则或独乘肩舆遣兴郊原，或时过郊野，与田夫野老闲话农桑，一派怡然自得。十四世曹锡田曾任巴东县令，革除税弊，雷厉风行，而每当夜深吏散，则于明月下泛舟江中，击棹为节，悠然而吟，与短笛渔歌相应答，宦情淡然，弃官归家后，则杜门谢客，只以吟诵自怡。十五世曹贤书，历任河南商城县知县、涉县知县、宝丰县知县，所到之处洗手奉公，吏治清明，然而他却在仕途坦荡之际，淡然曰："宦海风波，我岂可以屡试？"遂告官归乡。离任后，在家乡常杜门静处，日常用度，简单节约，悠然自适。见到他的人常常意想不到他曾是拿过高俸禄，身居庙堂之上的人。为人处世，不以物喜，不以己悲，身居庙堂，不以富贵而骄人；退居草野，不以寥落而伤怀。安丘曹氏族人的高洁情怀、豁达心态也足为后世之榜样。

（三）竭智尽忠的贵州巡抚曹申吉

　　曹申吉是曹复植的次子，曹贞吉胞弟，字锡馀，号澹馀，顺治十二年（1655）中第二甲第 55 名进士，被顺治帝亲选为庶吉士。按明清科举制度，中进士后，要再在新科进士中选取才资英敏者，入翰林院继续深造，被选中的，称庶吉士，这是科举制中最高的一个层次，受到国家的特殊礼遇。《明史》记载，选中庶吉士后，政府部门会按时发给笔墨纸砚，并供给伙食灯油，并且皇帝还会亲自召集考试。在每两个月一次的御试中，曹申吉屡中第一，金帛洋酒赏赐无数，在与他同时入选庶吉士的进士中，曹申吉年龄最小，而声名最著，初入仕途的曹申吉，意气风发，对自己的经国济世之志充满了期待。顺治十四年（1657）曹申吉 23 岁，从翰林院散馆，因成绩优异授国史院编修，不久即擢日讲官充扈从。此后曹申吉官运亨通，平步青云，在顺康两朝都得到了皇帝的信任和重用，不断晋升官职。顺治十五年（1657）24 岁转湖广下荆南道布政使司参议，镇郧阳，当地层峦叠嶂，山势复杂，郭外十里就有盗贼出没，百姓流离失所。曹申吉到任后，着意安抚，很快回乡的百姓就达两千多家。顺治十六年（1659）25 岁迁河南睢陈兵备副使，到任后，抑骄弁，雪冤狱，新政斐然。顺治十七年（1660）26 岁升通政使司左通政。顺治十八年，顺治帝卒，曹申吉请假归乡。康熙三年，入京补原官，以大理寺卿主司法讼狱，到任后快速处理了堆积如山的公文，颇有政声，向皇帝回报工作之时，深得赞许，能声著于廷尉。康熙六年（1667）升礼部右侍郎，奉使祭告南岳，充丁未（1667）科殿试读卷官，曹申吉熟谙礼仪制度，朝廷典礼规章多出自其手。康熙九年（1670）曹申吉知贡举官，会试天下举人，又转吏部右侍郎，剔弊厘奸，府中官吏无不侧目。康熙十年（1671）改工部右侍郎，巡抚贵州兼都察院右副都御史，直至在贵州巡抚一任遭遇吴三桂叛乱的劫难，曹申吉的仕途可谓是一帆风顺。

曹申吉巡抚贵州之前，康熙帝两次赐宴保和殿，御赐珍果、鞍马、蟒服、彩鞋、白金、金钟浮白无数。又召曹申吉至御榻前，谕曰："朕深知你的为人和能力，所以才让你去贵州，只要此行称职，将来朕必有大用。"又谕曰："为官清廉最苦，然而毕竟做官要做清官，明代王守仁是个好官，你应当以他为榜样，好生做官。"康熙的这一番话语重心长，是大有深意的。贵州军事地理位置非常重要，地处偏远西南，遥瞻国门，倚滇扼楚，负蜀襟粤，蛰伏于苍莽深山，是康熙皇帝一直关注的战略要地。尤其在三藩之乱前夕，康熙对于贵州更是关注，对巡抚的人选也是非常审慎的。曹申吉赴贵州巡抚时，外在的政治局势如何呢？康熙六年（1667）三月二十日平南王尚可喜上疏请求归老家乡辽东，康熙同意了他的请求，命他撤藩回籍，没有批准让他的儿子尚之信袭位，这让平西王吴三桂心里很不安，于是联合靖南王耿精忠

商飆初移律 輕砧已湔塸
宵人收篋笥 結伴向簷楹
掃月照高低 影風吹斷續
雲在涼帶露 苔靜煖飛螢
絧草可侵襪 鳴蛩音隱膩
影書響繞階 清逴塞虫籬
慶貴閭夢 易驚魚洞何
雲鴈還動吉季情魅
以芳戶牆衣芳為伀出為

嵩山弟曹申吉草

曹氏十二世曹申吉书法作品

上疏，请求撤藩，本意是想恃势要挟，意不在撤藩而在扩藩。康熙帝对三藩专权早具戒心，就顺势下旨准奏。康熙七年，九卿、科、道会议，拟推林天擎为云南巡抚，康熙谕曰："林天擎是平西王藩下人员，不应推此缺。"康熙帝因为对吴三桂存有戒心，连与吴三桂有关系的人也不予重用。因为担心吴三桂将来叛乱，会祸及其身，云贵总督卞三元上疏请求回家养老。康熙帝准奏，并以甘文焜为云贵总督。康熙十年，贵州巡抚佟凤彩也奏请回家养老。曹申吉就是在如此尖锐的削藩斗争中，在原任总督、巡抚知难而退的情势下，临危受命为贵州巡抚的。康熙是因为对曹申吉的倚重和信任才派遣他出为贵州巡抚，曹申吉至黔以后也做到了不辱使命。贵州地区深山穷谷，历明清易代的战乱，久已凋敝，士子荒于嬉戏，农夫只剩叹息，顺康年间，老百姓才得太平，正希冀能有平安富足的生活。曹申吉到任后在政治、经济、文化等各个方面采取了一系列措施，逐渐改善了贵州的凋敝荒蛮。在贵州任上，曹申吉上奏了一系列奏章，诸如《改设县治疏》、《革场税疏》、《更正经费疏》、《地方情形疏》、《请罢丘屯疏》、《请归并征收疏》、《请分别钱粮起存疏》、《请分府佐就理疏》、《请定规制疏》等。这些疏奏无一不是从关心民生民瘼出发，所以能得到励精图治的康熙帝的赏识而一一得以允行。贵州又为多民族聚居区，民族矛盾亦时有发生。

曹申吉在任期间，凯里广顺等苗民相继暴动，清兵至，即窜入山谷。诸将想要建功，竞相陈搜剿之策，而曹申吉并没有采取一味打压的政策，而是以安抚为主，力主抚议，这也正契合了康熙朝对于边地少数民族与民休养的策略。贵州历来为蛮荒之地，文教事业相对落后。曹申吉在贵州巡抚一任，为当地文化教育作出了突出贡献，重建了阳明祠、贡院书院。阳明祠是纪念明代最著名的思想家、文学家和军事家王守仁的。王守仁字伯安，号阳明子，世称阳明先生，浙江余姚人。王阳明于明武宗正德元年（1506），曾因反对宦官刘瑾，被谪贬至贵州龙场。王阳明在龙场对自己的心学理论有了新的领悟，史称龙场悟道。曹申吉重修贡院书院及阳明祠对于贵州的文教事业是很大的宣扬和支持。曹申吉在贵州期间为文教事业的方方面面都倾注了很多心力。贵州士人不知学，又无从购书，曹申吉于是举行月课，多方奖诱，又择校舍供士子读书。自此，贵州人文始盛。曹申吉又在贵州巡抚任上主持编撰《贵州通志》，督导修建贵州黔灵山弘福寺等。在曹申吉的综合治理下，贵州民风文教很见成效，流民开始聚集，商旅渐渐摩肩。曹申吉原本可以大展宏图的，但不幸的是吴三桂乱起，曹申吉被羁于黔中 7 年，其政治理想也无从实现了。

曹申吉任巡抚贵州的第三年，即康熙十二年（1673），三藩之乱暴发，贵阳失守，曹申吉被执，羁留黔中7年。曹申吉羁留黔中的7年，对曹家人来说，也是最为惨淡和难熬的7年。康熙十九年（1680）十月，母亲刘太夫人终于没能等来曹申吉消息，抑郁致疾，病逝于家乡，母亲去世两个月后，曹申吉也于同年十二月五日，被害于云南双塔寺，杀身成仁，为国殉难。曹申吉陷敌后，音信全无，直到后人整理他遗留的诗稿，才知道曹申吉被羁留黔中孤独无望的苦楚心境。他在一首《不寐》诗中写道："瑟瑟晚风轻，窗虚总月明。几年心半死，一夕梦频惊。秋淡星河影，江腾战伐声。低徊怜蟋蟀，哀响递深更。"战乱中与家人消息隔绝的绝望使曹申吉深有"心半死"之叹。曹申吉有幸受到康熙帝的充分信任，被派遣到黔中任职；而不幸的是，在三藩之乱爆发后，曹申吉被羁留于黔中，因为信息难通，在朝廷之中备受猜疑，很多人甚至怀疑他归依了吴三桂。曹申吉生前受两代帝王宠信，在黔中去世后，他的忠逆问题开始变得扑朔迷离，甚至在历史文献中被误列入逆臣传，《清史稿》、《清史列传》等清代正史都把他列入了逆臣传，这对于一个英勇殉国的英雄来说，其际遇亦可哀叹。曹申吉在黔中的真实情况是怎样的呢？证明曹申吉是否从逆的一个关键点，是曹申吉为什么会被正史《清史稿》、《清史列传》列为附逆，这是否代表了官方真正的意思？山东胶州人柯劭忞曾经道出了事情的真相。

柯劭忞（1848—1933），字凤荪，号蓼园，清末学者，光绪十二年进士，历任翰林院编修、清史馆代馆长、总纂，负责总成《清史稿》，他的学术成就是得到了人们的认可的。柯凤荪作为《清史稿》总阅全稿的负责人，在他83岁高龄时，见到了曹氏后人曹幹，并看到了曹申吉羁留黔中期间所写的诗歌，他感慨地说："我的家乡居安丘曹氏也不过二百里，一直听说曹氏中贵州巡抚曹申吉的事情，史书有矛盾之处，之前我负责修清史，可惜未能接见曹氏族人，详细询问曹申吉赴难的实情，结果，也未能驳正史书的书写之误，擅逞笔削，因此事，自己懊悔已久，现在听了曹氏后人的申诉，又看了曹申吉在黔中羁留期间所写的难中诗歌，才知今是而昨非，我也敢大胆地为曹申吉做一次辩论，希望曹申吉先生冤狱能够大白于天下。当年，吴三桂在滇南起兵，提督李本深想说服曹申吉投降，相约一起擒拿总督甘文焜为人质，曹申吉立刻向朝廷驰书告变说：'三桂造反，本深作乱。'然而当时总督甘文焜并不知实情，他以为曹申吉已经和李本深一样也投降了，康熙帝先得到了总督甘文焜的密疏，看了疏奏也以为曹申吉叛变了，还把曹申吉的哥哥曹贞吉叫来廷对，诘问他说你的弟弟已经辅佐伪朝了。很快，曹申吉的密奏也到了，康熙帝一看，曹申吉的心迹大白，康熙也就没有必要追究曹申吉的责任了。又过了一段时间，曹申吉入功臣传，祀昭忠祠，并没有人说他从逆。一直到撰《清史稿》时，法式善祭酒发现功臣传中有曹申吉传，而甘文焜传中，甘文焜的奏报密函中说曹申吉叛变了，二者相矛盾，于是就根据《清实录》和《平定三藩方略》的记载，把曹申吉从功臣传一类，列入了逆臣传，而实际上《平定三藩方略》是根据甘文焜的密报把曹申吉当逆臣，而《清实录》又根据《平定三藩方略》记载，史料传述中的重重纰漏使曹申吉蒙了不白之冤，如果在当时核准其事件的前后本末，则踪迹灼然，并无可疑之处，也不会因为法式善祭酒之言而诬了前哲名节了。"

柯凤荪为曹申吉辩诬之辞再次印证了曹申吉被诬为逆臣的事实。柯凤荪的辩诬中有两个关节点：一个关节点是因为甘文焜密报早于曹申吉奏报到达朝廷，引起朝廷对曹申吉是否叛变的猜疑。吴三桂事发，提督李本深先投敌，然后游说曹申吉投降，并相约擒云南贵州总督甘文焜。甘文焜闻变，立刻派人向朝廷密报，仓皇逃出贵阳府，只带了十余骑兵相随，日夜兼程走了几个驿站，农历十二月初八到了镇远府。镇远守将已经投降了吴三桂，率兵围攻甘文焜。甘文焜知道不能幸免于难，于是手刃其子，然后自杀。甘文焜大概至死都认为曹申吉已经投降了，所以他派人送给朝廷的秘信必言曹申吉已反。然而，曹申吉并没有听从李本深投降吴三桂的劝说，而是也向朝廷驰书告变"三桂造反，本深作乱"。在曹申吉书到达朝廷之前，曹申吉附逆吴三桂一说因甘文焜书信的早达，已在朝堂之上议论纷纷，甚至连康熙帝也相信了这一说，然而随着曹申吉告变书信的到达，这一困惑也就解开了，所以在康熙朝没有任何迹象表明朝廷认为曹申吉叛逆了。在康熙严酷处罚附逆吴三桂的人员名单里并没有曹申吉，他的两个儿子安然把曹申吉灵柩运回家乡，妻子也在家相安无事。第二个关节点是国事馆编撰《清史稿》时参考的档案资料对曹贞吉忠逆问题记载有矛盾，国事馆臣未加考虑就将曹申吉列入逆臣传。而《清史稿·志六十二·礼六》明确记载在康熙年间，曹申吉已入忠烈祠。然而，在编撰《清史稿》的时候，清代乾隆进士法式善致书国史馆提调邵晋涵说："贵州巡抚曹申吉，叛降吴三桂的事，详见《清实录》及《平定三藩方略》，现在功臣传中有曹申吉传，说他为国殉难，而《甘文焜传》中仍然说曹申吉叛变，两传相抵捂，应当改正。"结果如前柯凤荪所说，因为沧桑变易，兵燹迭经，许多档案资料的来龙去脉难以彻查，史料记载中重重未加详考的传述致使曹申吉在正史中一直含冤莫白。

曹申吉在滇南殉节两年以后，他的灵榇才由儿子曹淑等运回家乡安丘。一直追随曹申吉的老仆人带回了他被囚禁期间的诗歌残稿，也带回了他被囚期间的情形：曹申吉羁留黔中历时七载，无日不想着伺机抗敌。康熙十九年庚申

（1680）夏，曹申吉派人蜡书赴阙，密陈机宜，而且暗中培养死士，以期抗敌，结果被吴三桂方发觉，把曹申吉劫归云南，同年十二月五日，被害于云南双塔寺。曹申吉殉难后，由老仆带回家中的残稿《又何轩诗》是他被囚期间的血泪之作，诗中充满了惊悸、绝望、无奈、孤寂的情绪，写出了他在囚禁生活中度日如年的精神状态，这些诗歌犹如在寂静的夜空中滴答作响的时间指针，历数着他被囚禁的一个又一个难熬的日夜。时光的无情流逝熬白了头发："诗荒年渐老，梦短雨偏长。须鬓惭明镜，兵戈饱异乡。""短发晨梳同落叶，浮生晚系类游丝。"与世隔绝的囚禁生活也让曹申吉疾病缠身："人同社燕家南北，书寄江鸿信有无。罢酒经旬难得醉，应知肺病未全苏。"更难忍的是曹申吉对亲人和乡园的思念："骨肉夜深浑在眼，五更风雨故乡回。""生涯随梦断，乡路比宵长。""老矣此生缠瘴疠，归与无计梦乡园。""回首故乡真万里，此生倘有梦还时。"这是曹申吉用生命写出的绝唱。更让人感动的是曹申吉的爱国爱民之情，自己虽身为囚徒，病痛缠身，忍受着无尽的孤寂和煎熬，他却盼望着四海之内，早日终结战争，甚至为家国平安的实现，不惜继续过囚徒般的生活："愿看海内销兵甲，常作羁栖也不辞。"曹申吉在陷贼期间凄苦莫名的诗歌及其在诗歌中所抒写的忠心正是他被囚七年而忠贞于国的明证。康熙三十四年（1695），吏部郎中缺人，康熙帝谕五部大臣，各举荐有才望的正郎一员以备选，曹申吉的哥哥曹贞吉被引见于畅春苑，康熙亲自询问曹贞吉的籍贯出身，旁边的引见人佛公跪奏说："这是已故贵州抚臣曹申吉的兄长。"康熙帝听了，忆起曹申吉的殉难，心境惨然，动容良久，最后意味深长地对曹贞吉说了句："好生做官。"由此可见康熙对曹申吉的缅怀之情，这也是对曹申吉殉国英魂的深切告慰。

六、母懿垂范

在传统文化世家的家庭结构中，作为一般意义上家庭经济和精神支柱的父亲，往往因为对学业、科举的追求而长年游宦在外，培养新生代家族成员的重任就落在了母亲的身上。家庭教育是一个人成长的起点，而在家庭教育中，母亲对子女的影响往往最为直接。中国历来即有重母教的传统，山东作为儒学的发源地，孟母教子的故事更是后世母教的典范。在中国传统体制下，母亲极少有机会参加社会活动，"相夫教子"往往成为她们人生的唯一生活目标和任务。明清时期，世家大族中的女性，在文化繁荣、科举制度完备的大背景下，在家族追求仕宦科举、家学门风的家庭环境中，充分发挥了母教的优长。她们遇家道兴旺，则相夫教子；遇家世困顿，则隐忍持家；如不幸遭逢夫亡子幼，则更是身兼严慈，成为维系一个家族能否崛起和持续兴盛的关键之所

在。明清之际的山东安丘曹氏家族自明代弘治年间以儒起家，一直到清末，家族成员举业人数众多，仕宦连绵，士风清正，又诗人词人众多，形成相对稳定的家学门风，其中母教及女性在曹氏家族的繁衍发展过程中起着关键作用。曹氏家族中一代又一代勤谨贤德、身兼严慈的母亲形象，向后人展示了母教对于文化世家家学门风形成与传衍的重要作用。

（一）饮食笑语寓教化

山东文化世家注重以儒教规范为核心的科举仕宦、家学门风，为了维系家族文化，他们也非常重视对女儿的妇德教育；比之门第层次，家族联姻时往往更注重对方的家教门风。把女儿嫁给书香门第，自然女婿高中科举的可能性会大一些；而迎娶一位出身书香门第的女子，对于家族发展来说，更是意义重大，受过良好才德教育的母亲会充分展开母教的优势，为家族培养出更出色的继承人。传统文化世家中，除了对丈夫科举事业的支持，女性另一个重要的任务就是教子，中国传统社会虽一直是男权为主，但有一个贤惠明理的妻子扶助，对于子女的教育及家事的打理则会大不一样。所谓"有贤女然后有贤妇，有贤妇然后有贤母，有贤母然后有贤子孙"。对于大部分以科举事业为重的明清山东文化世家来说，家族成员中的男性常常忙于科举仕宦，漫游求学，远离故园，难得有充分的时间关注子女的培养教育问题，实际上的持家育子工作就落在了母亲的身上。尤其是对年幼的子女来说，母亲的爱抚体贴对其所产生的影响，又远甚于严父。以儒家伦理为教育思想核心的传统文化世家中，家庭教育往往是严父慈母的模式，俗话说："没有规矩不成方圆。"严格自然是必要的，但母亲的宽容慈祥对子女来说更如春风化雨，滋育心田，利于塑造子女的完美人格。安丘曹氏第一代进士曹一麟的儿子曹应枳，年纪还很小，亲生母亲就去世了，原本享受着母爱，被生母宠溺着的曹应枳小小年纪忽然变得茕孑无依，只有日夜号哭，索要母亲，听到遇到的人无不为之掩面流泪。这时曹一麟的继妻张太孺人嫁入了曹家，张太孺人对曹应枳视如己出，日日把年幼的曹应枳抱在怀里，抚摩安慰，推心置腹，饥饱寒暖，疴痒疾痛，无不体恤周到。不到一个月，曹应枳丧母的情绪就渐渐平复，和张太孺人相处，亲近如同亲生母子。曹应枳的父亲曹一麟性情严厉，平时曹应枳和兄弟们有些小过错，张太孺人常常有意瞒着曹一麟，不让他知道；如果曹一麟发脾气批评孩子们时，张太孺人又总是曲为掩护，不让孩子们受罚。然而私底下，张太孺人又并非一味宠溺，她未曾忘记自己督促教诲子女的职责，直到曹应枳成人有了家室，张太孺人爱护保全之念仍是殷殷恳恳与曹应枳幼时无异。曹应枳后来以贡生授陕西凤翔知县。任间正值秦中流寇作乱，曹应枳砺兵储粮，率兵守城，抵挡住流寇的 9 次进攻，最后竟至殚精竭虑，积劳成疾而卒于官。其生平也被载入安丘地方县志，这其中母亲张太孺人的养育之恩功不可没。在安丘曹氏代表人物曹申吉记忆里，他的爷爷曹铨平时秉性方正刚毅，平日里不仅是对自己的子女，就连外甥侄子，也严加训诫，晚辈们见了无不惮畏。而曹申吉的奶奶王太淑人，则性情宽和，对晚辈总是宽容抚煦。曹铨夫妇一严一慈、相得益彰，让一家既相处融洽，又能保持严谨的庭训，家风为乡人所称道。

曹氏家族七世祖曹汝勤的妻子王太宜人，也是曹氏家族中比较有代表性的一位母亲。她的两个儿子曹一凤、曹一麟均中进士，兄弟二人也是明清安丘曹氏家族的第一代进士，兄弟二人的成就与母亲的成功教育也是密不可分的。王太宜人是清代安丘峿山里（今属潍坊市生态经济发展区）处士王伦的女儿，王氏家世丰饶，相传王氏祖坟生连理树，又时生灵芝草，故而王太宜人生而灵秀，贞静婉美，聪慧异常，自幼就熟读教化女子懿德风范的典籍《女箴》、《女孝经》、《列女传》等，对《论语》、《孟子》等儒家诸子之书，也能通晓大义。父亲王伦非常珍视这个女儿，常对人说："我的女儿有如此姿容懿德，一定不能嫁给一个凡夫俗子。"后来，有媒人在王伦面前极力称道安丘曹家的公子曹汝勤，说曹家书香门第，家风质实，曹汝勤也正承祖业，在国子监上学。王伦本就素闻同邑曹家家风谨严，崇儒尚文，在乡里颇有声望，于是就把女儿嫁给了曹汝勤。嫁到曹家以后，王太宜人自己的生平所学与对生活的智慧都充分地体现在了对晚辈的培养教育之中。王太宜人性情温和而内在刚毅，喜经术重名教，她把典籍故事中合乎纲常伦理的内容，先哲名言中关乎忠孝廉洁的记述，都转化成育化故事，融入日常生活的言语笑谈之中，对晚辈加以提点，悉心教诲。她的三个儿子曹一麒、曹一麟、曹一凤和侄子曹一豸、曹一鹄等时常环绕膝下。在和孩子们言语嬉笑之间，王太宜人讲的常常是微言大义的德育故事：对男孩子们，讲仲由百里负米、陆绩怀橘、孔融让梨、王祥守柰这样的孝悌故事；对女孩子们，则讲唐代崔山南祖母唐夫人上堂乳姑、楚昭王与夫人渐台约信等孝敬上辈、忠贞诚信的故事。王太宜人在言谈笑语之间把忠信廉节的大义、尊亲爱幼的规范传达给了晚辈，完成了道德化育的训育任务。后来王太宜人的两个儿子曹一麟、曹一凤先后成为明清安丘曹氏家族的第一代进士，侄儿曹一豸是诸生，曹一鹄中举人，曹氏家族也达到了前所未有的兴盛期。王太宜人在儿子们进入仕途之后，仍然以自己的智慧大义给予指导。曹一麟曾任吴江县令，抵任所后，力锄强横，手段强直，王太宜人知道后，对他谆谆告诫说："难道你不知道齿敝舌存的道理吗，牙齿看似刚硬，却容易折断脱落，而舌头看以柔软，却常常能够保全自己。"但曹一麟只是唯唯应和，并不以为然，没有把母亲的话放在心上。不久，曹一麟因施政太过强硬，触怒权贵而被弹劾罢官。后来曹一麟的弟弟曹一凤也进入仕途开始做官，王太宜人又告诫他说："往日你的兄长因为为官强直而遭遇挫折，你一定要谨慎，不要再重蹈覆辙了。"曹一凤领命而去，他曾奉命督赋于湖湘地区。当时，湖湘百姓生活贫苦，曹一凤到任后，多方区划，以文德告谕代替鞭扑刑罚，不苛不纵，很得民心。后来升吏部考功司郎中，掌官文职官员的任免、考绩、升降等，也始终是举止庄重，言语谨慎，行为检束，任事权度精切，在士大夫中赢得很好的声誉。曹一麟对母亲的劝诫不置可否，也终因施政强直急切，获罪罢归。而弟弟曹一凤听从母亲告诫，则为官无虞。这位母亲的智慧远超出齐家之外，而惠及儿孙辈治国平天下的功业。王太宜人治家严格，门风肃正。她不仅教导自己的子女，而且嫁到曹家后，作为一个大家庭的女主人和长辈，她也担起教导家族中媳妇主妇的责任。古代女性出嫁年龄都较小，一般在娘家长到十几岁就已出嫁，出嫁后，对于重家学门风的文化世家来说，她们往往在夫家也能继续受到妇德教育。曹一麟的妻子张太孺人嫁入曹家后，婆婆王太宜人就把《士女八行》及古代列女淑德的故事讲解给她听，其中《士女八行》是曹一麟的父亲曹汝勤亲手所编写的家训，张太孺人本就生性质朴，嫁入曹家，在婆婆的熏陶感染下，也是沉稳持重，口不妄言，容不加饰，家中长幼仆众、无不称赏。由此可见女性教育在文化世家中代代相承的良性循环。

（二）寡母教子　复兴家业

在明清文化世家的形成和演进中，许多家族常常面临的一个困境是家中作为顶梁柱的父亲或丈夫早逝，只留下了遗孀遗孤。传统意义上的家庭支柱是男性，丈夫早逝可能会给家族文化的延续带来致命的打击。这种境况下，女性的坚韧和母教的力量，对于一个家族的长期繁荣起到了关键性的作用。在诸姓文化世家的发展历程中，许多寡母或是自己亲身课子读书；或是动用娘家的力量，抚育孤子，维系了一个家族的稳定和兴旺；或是让一个岌岌可危、濒临衰微的家族又重新步入科第连绵的发展轨道。文化世家中的寡母教子现象，尤其体现了母教在家族文化传衍过程中的作用。

　　对于古代女性来说，本来家庭就是她们生活的主要活动场所，丈夫、儿子在传统的道德伦理中也是她们经济、精神上的主要依靠。一旦丈夫亡故，按出嫁从夫的纲常，女性的依靠顿失，家庭的社会地位、政治经济状况也会随即改变，年幼的子女往往成为她们新的精神依靠和希望寄托。抚育子女，尤其是儿子成才，让儿子走上科举之路，读书求仕，在山东文化世家中，对于大部分出身于书香门第、科举世家的寡母来说，这既是改变一个家庭和家族政治经济地位的捷径，也是封建时代一个寡母所能做到的唯一寄托希望抚慰心灵创伤的途径。在传统伦理对女性三从四德的规范教化下，这些勇敢的母亲，以超越常人的坚韧毅力，坚志守节，承继夫志，抚育孤子，以维护夫家的家庭稳定和文化传承为己任，机声灯影之中，课子读书，艰辛备尝。

　　安丘曹氏第一代进士八世祖曹一凤，字伯仪，号翔宇，明嘉靖三十八年进士，初授南京户部湖广清吏司主事，历本部员外郎，礼部精膳清吏司郎中，吏部考功清吏司郎中，诰授奉政大夫，升河南按察司副使，在明中叶时期不论是在科举上还是仕宦上都把曹氏家族推上初步的繁荣。但不幸的是，曹一凤因劳瘁卒于官，离世时年仅 34 岁，子女俱幼。曹一凤的妻子周氏，本是知县周潮之女，也是一位有良好家族文化教育背景的母亲，周氏亲自抚育孤子曹应铺成家立业。曹应镛成人后，获贡生功名，官至庄浪知县，维系了曹氏家族当时作为一个刚刚起步的文化世家在科举仕宦道路上的顺利发展。而周氏也因此名列青史，她的事迹被载入《山东通志列女传》、《康熙续安丘县志列女传》等史志之中。曹氏家族寡母教子，复兴家业堪称典范的代表人物是曹贞吉、曹申吉兄弟的母亲刘太夫人。曹氏家族在明清易代之际又面临了一次困厄，一是因明末国运衰微，家族科举式微；二是家族成员在战火中的罹难，使家族的重新崛起困难重重。曹氏家族在清代有代表性的一个支系——曹贞吉、曹申吉兄弟一支，在明清易代之际，曹氏兄弟的祖父曹铨、父亲曹复植均在壬午之变中罹难。当时曹贞吉兄弟及季叔曹师彬皆不满 10 岁，仲叔曹復彬也仅 20 岁左右。曹氏兄弟的祖母王氏痛家道式微，泣血茹檗，蔬素终身；母亲刘太夫人，苦节矢日，督导诸孤。后来曹氏兄弟都中进士，在科举、仕宦、文学各个方面成绩卓著，两个叔父也各有成就，刘太夫人晚年孙子、曾孙济济满堂，家业兴盛。曹申吉回忆起祖母和母亲复兴家业的辛苦，总结说："皆二十余年荼苦之所积也。"一句话道出了祖母王氏和母亲刘氏在抚育诸孤成才过程中的艰辛，也道出了祖母和母亲作为寡母在重振家风的过程中所起到的关键作用。

刘太夫人出身相门，是顺治朝重臣刘正宗的次女。她出自世家，自幼陶染于诗礼氛围之中，知书达礼，嫁到曹家后，虽身处闺阁绣户，而言行处事肃如朝典。安丘曹氏家族在选择联姻的时候，除了在意科举仕宦上的门当户对之外，更注重联姻对象的文化背景。联姻对象可以没有科举功名，但必须是读书人家、书香门第。有才有德的文化内涵比经济的富裕和仕宦的发达更容易在联姻中受到曹氏家族的青睐。在封建社会里，女性受教育的机会一般只局限在家庭里，她们的文化水平正反映了她们所属家族的文化水平；而出身读书世家的女性出嫁后，往往能对夫家的家族文化和科举发挥至关重要的作用。刘太夫人对曹氏兄弟的抚育正是一个典型的例子。曹复植的去世，让刘太夫人及曹贞吉兄弟在经济和精神上顿时陷入困境，曹氏家族本为科举世家，家无巨富，又处于明清易代的动荡时期，家业更是凋零。刘太夫人虽出身尊贵，却在丈夫去世后，布衣钗裙，安贫教子。她常常坐在小楼内，亮灯纺织直到深夜，陪伴两个儿子读书；又常常把儿子叫到身旁，督促他们学习一定不要轻率任性，然后把历史上有关立志苦学的范例，把曹氏先辈们砥节砺行的事迹讲给两个儿子听，情到深处，言词慷慨，声泪并咽，两个儿子感动得伏地痛哭失声，之后更加奋发力学。刘太夫人把振兴家业的希望全部寄托在两个儿子身上。曹复植去世时，正值明清鼎革，满地兵戈，刘太夫人带着两个儿子，居无定所，颠沛流离；但是每次迁徙搬家，行李中必不可缺少的就是书籍。每安顿到一个地方，她就督导孩子们，勤学苦读，焚膏继晷，从来不曾因为社会动乱而废学。刘太夫人在曹氏家族面临家风难以为继的困境时，不畏艰辛，尽全力督导儿子读书，终使曹氏兄弟不仅科举成功，而且文学成就斐然。在当时，安丘县士大夫们一提起闺阁典范人物，必言曹太夫人。

母教的实施者母亲，是联系夫家与娘家的纽带。在教育子女的过程中，她们往往在夫家相夫教子的同时，又能动员娘家的力量参与到对子女的教育中，尤其在寡母教子的情况下更需要得到娘家的支持。而外家也源于亲情和家族文化传承的需要，在教育外甥、外孙的过程中倾力而为，这无形中就延伸了母教的功能和范围，对家族文化的维系起着至关重要的作用。经过明清战火，曹氏家族本身在科举事功上已少有人才。曹贞吉曹申吉兄弟早年失怙，外祖刘正宗在经济、学业、文学各个方面都对曹氏兄弟关爱有加，影响深远。外祖刘正宗悉心培养兄弟二人的才智，在经济上也是尽力接济帮助曹氏母子。曹贞吉有一首诗《寄儿辈索裘》，写的就是他在外做官的儿子因天气寒冷索要裘衣，而曹贞吉寄给儿子的皮裘衣还是当年外祖赠送的旧物，诗中写道：

外氏传来旧，深藏志不忘。何人嗤败絮？我自傲无裳。

　　紫凤凭颠倒，青毡护短长。醉归羸马上，拂拭得

轩昂。

　　曹贞吉告诫儿子，衣服是外祖家转送的，一定不要忘记
还报恩情，并殷殷叮嘱儿子，不要羡慕裘马轻肥的奢华生
活，不论衣服多么破旧清寒，别人如何嗤笑是败絮，都应做
到有傲骨、保持气宇轩昂精神饱满的生活态度。刘正宗不仅
是顺治朝重臣，而且能诗能文，在诗坛也非常有影响力，他
与王铎、薛所蕴号称京师"三大家"，享誉京师诗坛；又主
盟济南诗派，推动了清初山东诗坛的繁荣。曹贞吉、曹申吉
最终能在清初诗坛卓然成家，也离不开外祖的指授。尤其是
曹申吉，他比哥哥曹贞吉早入仕途，也早有诗名，受外祖父
影响最大。他的诗歌内容多为山水景物描写，诗风清丽，平
淡自然；诗歌形式也以工整的律诗居多，带着比较明显的台
阁体诗的风貌，和外祖推崇的初盛唐诗风关系密切。可以说
这种因姻亲而延伸的母教，在文化世家的家学渊源中发挥着
至关重要的作用。刘太夫人和外祖刘正宗培育曹氏兄弟成
才，给曹氏家族在清初的重新崛起奠定了基础。

　　在历明清两朝漫长的时光里，寡母教子在安丘曹氏发展
的许多薄弱环节中，起到了振衰起蔽的作用。曹氏家族中许
多寡母，为曹氏家族家风文脉的承继发展倾心尽力，她们的

事迹有许多也被载入了安丘县志列女传中。曹贞吉的第三子曹霂早亡，曹霂的妻子马孺人在丈夫病亡时，正值庄稼歉收，家里地产薄，儿子又年幼，在万难支持的境况下，她还是把家里的事务经营得井井有条；丈夫丧葬，仪式礼数，都妥妥当当；对嗣子曹曾祚的教育更是恩深义正，不纵不苛，身兼慈严，终获子孙满堂，孙子辈也大多入庠序、承家学。曹瑄的妻子马氏 19 岁嫁到曹家，只两年曹瑄就病亡，马氏抚育尚未满月的儿子曹成邑成人。曹成邑成人后曾在县学中补弟子员，眼见也有承继家学的希望，但不幸又早亡故，为马氏留下三个年幼的孙子。马氏抚孀媳抱弱孙，千辛万苦，莫可名状。但在马氏的支撑下，孙子辈也多承祖业，名列庠序。曹氏家族中这些坚韧勇敢的母亲，为家族的血脉延续、门风传承倾尽毕生心力。清代顺康年间的兵部右侍郎孙光祀曾赞赏曹氏家风"安丘家训之善者，以曹氏为最"，这其中寡母对家学门风传承的贡献不容忽视。

（三）纺绩佐读　身教为范

对许多文化世家来说，教育女儿的目的除了传统的三从四德，也自然会因为血脉相连的疼爱，希望自己的女儿多读些诗书，以便将来能与自己的丈夫琴瑟和谐。汤显祖《牡丹亭》中《训女》一出戏，南安太守杜宝煞费苦心，为女儿杜丽娘延师课读，他说："看来古今贤淑，多晓诗书。他日嫁一书生，不枉了谈吐相称。"杜宝的话，颇能代表古代妇德教育下，父母们教女的苦心。曹氏家族多与世家联姻。许多嫁入曹氏家门的女子不仅上事姑舅，下育子女；而且在丈夫苦读之际，能够红袖添香，成为传统妇德之中别样温馨的风景。《诗经·齐风》中有《鸡鸣》篇，士大夫解释《鸡鸣》篇，寓意思贤妃也，说古代的贤妃贞女，都知道夙夜警戒，辅佐夫君。曹氏家族中的女性也多有鸡鸣戒旦之风，在丈夫为科举功名寒窗苦读的时候，自己则纺绩佐读，操劳不倦，在精神上支持丈夫。明清安丘曹氏的代表人物曹贞吉正有这样的一位贤妻王氏，曹贞吉与其弟申吉受家世的熏陶，自小便立意于仕途。顺治八年（1651），曹贞吉与申吉同赴省城应举；申吉中举，而曹贞吉作为兄长却名落孙山。兄长在中国传统家庭中往往担任着特殊的角色，对弟弟、妹妹起着保护和模范作用。曹贞吉作为家中的长子，承担了更多的家庭责任和家族厚望。况且曹贞吉自幼失怙，兄弟二人与母亲相依为命，艰辛备尝；因此曹贞吉自幼便发愤攻读，希冀能早登科第，振兴家门。所以初次应举的失利对曹贞吉来说是一个不小的打击，尤其与科举顺利的弟弟相比对，曹贞吉更觉压力倍增。自初次科举失利至清康熙二年（1663）以山东乡试第一中举，曹贞吉困顿于科场12年，个中滋味，自是难言。两年后，至顺治十年（1653），曹贞吉取得廪生资格，而申吉则已于同年进士及第，并很快官运亨通，跻身九列，不禁让贞吉顿生咫尺云泥之叹。曹贞吉自觉尚处于年富力强之时，不肯甘心就此隐匿乡间，碌碌无为。于是誓志苦读，愈挫愈勇，挣扎于科举路上多年。曹贞吉常常读书至深夜，而妻子王氏最能理解他的心情，不仅平日里温言劝慰，夜晚曹贞吉苦读，王氏则篝灯夜坐，边做女红边陪伴曹贞吉，操劳不倦，从无怨言。他们虽然没有诗词唱和的琴瑟和鸣，深夜伴读，也是妻子与丈夫相濡以沫的另一种深情。妻子的伴读劝勉成为曹贞吉寒窗苦读的慰藉和动力。终于，曹贞吉于康熙三年（1664）以第三甲第83名联捷进士，时年30岁，多年的苦读与煎熬终得报偿。

明清时期山东文化世家中的女性自幼在家族中所接受的大多为以孝悌节义为核心的传统妇德教育；耳濡目染的则是父兄、丈夫等男性家族成员自我修砺、齐家治国的德行操守，因而山东文化世家中的母亲往往非常重视对子女的道德教化。其实对后辈教育程度的决定因素不是母亲拥有多少具体的文化知识，而是取决于母亲对生活的人生态度和道德操守。山东文化世家中的母亲通过说理、垂范等种种方式，给予后辈精神力量的影响和支持。文化世家大多以科举起家，科举仕宦往往是维系家族社会地位的唯一方式和捷径。这就促使母教往往把道德教化与课子读书的功利性结合起来，通过激励后代孝悌忠信的道德感、光宗耀祖的责任感，来督促他们致力于学业，尤其以科举事业为重，从而完成家族文化的传承与发展。传统社会体制中母教的实施者母亲，在教子成才的过程中往往对家学门风有着自觉的家族观念。儿子的读书成立与否，是一个家族的文化能否得以延续的关键。在她们的教子动机中，对本家族家学门风的维持是其中很大的一个动力。她们不仅通过对自身的严格要求，为子女们做好示范，而且会以先祖和父辈为榜样教导子女，让他们能够认同家族文化，以不坠家声、承继先辈家学门风为己任。曹贞吉、曹申吉兄弟的祖母王氏平日对子孙好谈先世旧事，让他们一定要继承先人遗风。因此，曹氏兄弟自儿时就对先人功业耳熟能详。他们的母亲刘太夫人诲育二子更是苦心孤诣，常陪伴儿子读书至深夜。二子稍有懈怠，刘太夫人即向他们讲述祖德家风，告诫二人一定不要忘了祖辈、父辈赍志而没的遗憾，二子常常感动得掩卷痛哭，读书愈加发奋。直到刘太夫人的晚年，虽然曹氏兄弟都高中进士，家业丰饶，但她仍然常聚集孙辈训以先人立业的艰难、持守的不易，告诫孙辈们一定要立心仁厚，居家勤俭，娓娓三复，不厌其烦。曹贞吉的妻子王氏也和她的婆母一样，常让儿子们立于身前，详细讲述曹贞吉多舛又励志的科举之路，讲曹贞吉为官的勤谨、交友的纯诚等节义事迹，告诫诸子一定要砥砺行节，勿坠先业。直至清末，在国运衰微中曹氏家族也显中落。但出于对家族文化传承的责任感，母教在其中仍发挥着至关重要的作用，像曹馨桂的妻子马孺人，在咸丰十一年（1861）捻军之乱中，马氏携着四岁的孤子曹青苾仓皇避难，食寝难安，艰苦备尝。兵乱平复后，她奉养老人，抚育幼子，凡是有好吃的好穿的，一定给老人孩子，自己则自奉俭约。等曹青苾年纪稍长，马氏念及曹家先世本是书香门第，就为青苾延师课读。为了维持生计，家里也恢复务农，且耕且读，以弱质女流支柱其间。在战乱中，马孺人仍旧以强烈的家族使命感延续家族诗书传家的文化传统。而曹青苾虽未宦达，也能在清末乱世中，由学而仕，官至从九品，承继并体现着曹氏家族积极入世、耕读传家的儒家门风。母教这种站在家族文化传承的立场和高度来教育子女的强烈责任感，可以说是明清时期曹氏家族长盛不衰的一个重要动因。

母教不止于说理，母亲们又常常以生活中点点滴滴的实际行动，在道德规范上给子女以教导和启示。为了让儿子安心于读书、科考或做官，母亲常常发挥克勤克俭的作风，持家有道，不仅为儿子提供精神鼓励，更为之提供学习时间、经济费用的支持。曹氏八世祖曹一麟去世后，他的儿子曹应枳为家人生计奔走，没有时间攻读举子业，他的母亲张太孺人见状，痛惜他没有时间读书来承继祖父辈开拓的科举仕宦之业，哭着对曹应枳说："你父亲在世时，天天盼着你能有所作为，而今你每天忙于赢利之术，与市井好利之徒无异，这并不是我和你父亲对你的期望。"张太孺人站在家族的立场上，希望曹应枳能子继父业，诗书传家，她为了让曹应枳不为生计所累，重新走向科举之路，不辞劳累地亲自为曹应枳主持家政。她悉心规划，晚睡早起，凡家中奴耕婢织之事无不亲自督率，不论盛夏寒冬，必至深夜才休息。家中吃穿用度，俭省节约，柴米油盐，纺织稼穑，婚姻嫁娶，无不亲自斟酌，计口而炊，按指而分，无偏无颇。家中老少，甚至奴役，人人钦佩，无一句怨诽，为曹应枳专心读书提供了经济和时间的支持。曹氏家族的母亲们不仅尽力支持族中子孙的科举读书事业，而且还都乐善好施，用自己的慈悲心怀和行动感染影响着子孙后辈的品格形成。曹氏家族虽非商贾巨富，但代有仕宦，家境也算殷实，因此总是力所能及地做些救济乡里的慈善之举。曹贞吉祖母王太淑人平日里勤俭持家，生平服饰唯喜布衣素色，一件衣服洗净了再穿，只要干净朴素，不喜华丽。每次后辈给她置办了鲜亮的新衣，则怫然不悦，反倒是敝衾破帷处之泰然。然而虽节俭又不喜积聚钱财，有能力就施舍贫困，为此典当衣物也习以为常。曹贞吉的母亲刘太夫人也性好施与，族人亲戚，故人邻里，有家境困难的，则给予衣食资助。许多人赖此才能不受冻馁露宿之苦，这些善行义举自然会对儿孙产生积极的影响。母教的施教机会被渗透到生活、学业、仕宦中的各个细节。母教不仅为一个家庭和家族培养了合格的继承人，也往往在男性家族成员进入仕途后继续发挥作用，督促他们为官清廉，不贪权纳贿。可以说母教不仅能"修身、齐家"，亦兼具了"治国、平天下"的功用。

（四）闺阁懿范　宜室宜家

曹氏家族对女儿们的教育也是非常严谨的。起家之初，曹氏家族的七世祖曹汝勤就曾编了一本《士女八行》，专门教导家族中的主妇和未出阁的女儿们。八行原是古人总结出的八种为人处世的优良品行，分别是"悌"，指兄友弟恭；"睦"，指宗族内家族成员互相亲善；"姻"，指与姻亲相友善；"任"，指朋友之间互相信任；"恤"，指有仁爱怜恤之心；"忠"，指知君臣之义；"和"，指明辨义利，和谐相宜。曹汝勤所编《士女八行》，因为是针对家族中女性的妇德教育，其"八行"或与一般意义上士大夫遵循的品行有相异之处，但对内相夫教子、对外敦亲睦邻的持家美德自然是教诲的主要内容。况且，曹氏家族的女儿们自幼生于书香门第、文化世家，耳濡目染父兄的仁德风范、家教门风，在为人处世上自然透着温良恭俭的闺秀风范。曹氏家族的女儿们出嫁后，在承平境况下，则相夫教子，尊亲睦邻，勤俭持家；在遭遇夫亡家衰的困境时，也能艰志守节，振衰起弊。她们也像嫁入曹氏家族的女性一样，为自己夫家的传衍发展起到关键作用。

曹氏家族中有多位优秀的女儿嫁为人妇之后，在夫家孝敬公婆，相伴夫君，养育子女，任劳任怨，尽心竭力，她们的事迹也被载入了乡县志烈女传中，名留史册。安丘士子王士亮的妻子曹氏是十一世曹复立的女儿，她的一生也可谓是有贞有烈，堪称孝媳贤妇。曹氏17岁嫁给王士亮，她秉承曹氏家训，对公公婆婆非常孝敬。公公病危之际，正值寒冬，曹氏不顾严寒，常常通宵达旦地立于房外侍奉问候，照顾公公饮食起居。曹氏与丈夫伉俪情深，但不幸的是公公去世之后不久，丈夫也病倒了。王士亮缠绵病榻一年多，曹氏侍奉汤药，每日温言软语地宽解丈夫，有时候丈夫因为病卧时日太久，难免心绪急躁，乱发脾气。曹氏不仅不急不愠，反而更加和颜悦色。丈夫病势危急时，曹氏伤心欲绝，许诺丈夫，他死了，自己也会随之而去，不求同年同日生，但求同年同日死。王士亮最终未能病愈，他去世当日，曹氏夜半悄悄起来，严妆打扮，穿戴整齐后，自绝于丈夫灵柩之前，而这一年，夫妇二人都年仅 23 岁，他们情深义重的凄美爱情和《孔雀东南飞》中的刘兰芝、焦仲卿一样令人叹惋。贡生张庚舆的妻子曹氏，是十二世曹愉吉的女儿，曹氏没有儿子，就过继了一个儿子张暎。在中国传统观念中，后母常常是以不良善的形象存在，张庚舆妻曹氏却以慈母而名闻乡里，并因此而入安丘县志。她视嗣子如己出，精心抚育。曹氏的大姑姐有一个女儿和曹氏的亲生女儿嫁到了一个村，曹氏每有馈赠，常常是给大姑姐女儿的比自己的女儿都要多出一倍，乡里人对这位贤妻良母无不是交口称赞。十二世曹辉吉的女儿，嫁给安丘士子周东孝，也是以孝慈为乡人所称颂。曹氏 16 岁出嫁，丈夫不幸早亡，曹氏守寡 29 年，一心一意侍奉公婆。按当时封建时代对家族传宗接代的责任，曹氏又过继了丈夫兄长的儿子周升三为嗣子，独自把继子抚育成人。明清山东文化世家中，许多家族在面临男性家族成员早逝、家道中落之际，因寡母的抚育之功，而使家族维系了兴旺绵延的态势。

安丘曹氏作为文化世家，与之相联姻的往往也是名门望族，身份地位相近，文化层次也相对接近。曹氏家族的女儿在娘家受到了良好的家教，在夫家也能相夫教子，持家有道，兴旺家族。山东昌乐县名宦阎学淓的母亲就是曹氏家族女儿的一个代表人物。曹氏的父亲曹三善，字信民，号叶云，雍正癸卯举人，历任贵州贵阳府修文县知县、黎平府蓉从县知县、东昌府临清州学正等职，也是一个勤政爱民的好官。曹氏嫁给昌乐阎氏，可谓是门当户对。阎氏在明清时期是昌乐的名门望族，清前中期阎氏直系血亲中连续五代出进士，这在科举世家中是非常罕见的事情。同治年间昌乐县知县周寅清考证，像这样连续五代中进士的家族，全国只有四家，阎氏就是其中之一。阎氏家族科宦发达，被当地人誉为"一代尚书府，七世科第家"。曹氏嫁给了阎循霖。阎循霖和大哥阎循中、二哥阎循厚都中了举人，他的父亲阎廷佶、三哥阎循琦都是进士。曹氏嫁到阎家，二人都出身诗礼之家，情投意合。曹氏为人慈善，贞静温婉，一心教敬公婆，相夫教子。阎循霖是个勤于苦读的士子，曹氏也总是陪伴左右，纺绩伴读。阎循霖很有吏治之才，三任江苏阜宁县知县，历时十载，政声清廉，最后因病卒于官任。阜宁县的百姓为之立庙，追念他为民造福之德。期间曹氏与丈夫琴瑟和谐，主持家政，不辞辛劳，让丈夫始终无后顾之忧，安心忙于政务。曹氏生了两个儿子，长子学濂，不幸早卒。次子学淓，自幼聪敏，16岁就考为郡廪生。正当他努力读书，意欲一展宏图之际，父亲阎循霖积劳成疾，卒于阜宁县官任，且又逢家乡饥荒，原本还算殷实的家境一日不如一日，几乎到了饭粥不继的地步。而这时，出身世家的母亲曹氏坚定支持儿子课业读书，鼓励儿子不论家境有多困难，都不能轻易放弃先人创下的诗书事业，不能拘泥于一时的困境，不做安于现状的燕雀，而应胸怀鸿鹄之志。阎学涑砥砺行节，终能不坠家风，乾隆四十三年（1777）考中丁酉科山东乡试第十四名举人，在京师工部任职六年。清代对京官的考核是六年一考，称为"京察"，阎学涑京察考核为一等，选授甘肃省兰州府知府，后又任甘州府知府、庆阳府知府，先后任知府三十余年。在科举任官制度中，由举人直选知府的先例也并不多见，但阎学涑为官练达，吏治贤明，政绩赫然。曹氏不仅督促儿子的科举学业，更是在为人处世上给他们潜移默化的影响。曹氏自己平日孝敬尊长，乐善好施，怜恤老弱；阎学涑平日为官也性慈好施，对年长者、德高者尊敬有加；对穷困无依者总是接济抚恤；对读书的士子，则以礼相待，即使有士子涉案，也总是力争从轻发落；当时庆阳宁州知州王某，因为老病卒于任所，家贫子幼，无力归葬，阎学涑带头捐资，帮助其家人办理丧事，并顺利归乡。阎学涑常警诫子孙说："做官之道，应以'心中有民，鞠躬为民'为铭，正如孟子所言'君轻民重啊'！"曹氏教子的成效在阎学涑身上得到了很好的展现。

七、家风故事

（一）曹一麟严家训

曹氏八世祖曹一麟是明清安丘曹氏家族中的第一位进士，他带来了家族科举事业的高峰，也以自己的仁孝品格和严格家训为后世族人树立了榜样。曹一麟执行家教族规非常严格，他自己更是以身作则、身教为范，是一个重孝悌仁义的谦谦君子。曹一麟对父亲非常孝敬，事亲礼仪很严谨，晨昏定省。早晨必定亲自到父亲房中问安，侍奉父亲盥洗，晚上办完公务回家，也必至父亲那里问安。父亲让他回去休息，才回自己房中休息。有时候碰到公务繁忙，深夜才回家，也会到父亲房外立一会，看父亲安好，才放心回去。用我们今天的眼光去看古人的许多礼仪，好像带着很多程式化的成分；然而，中国传统的尚礼精神与人的仁善本性是相辅

相成的，他们克己复礼的言行绝非仅仅是封建伦理中的繁文缛节，而是诚于中而形于外的。曹一麟的父亲曹汝勤家教很严，凡事必循礼节，曹一麟总是曲尽其意，碰到父亲动怒，从不与之争辩，总是婉言承欢。有一次父亲大病，卧床一年多，曹一麟则一年多都和衣而卧，不敢解衣就寝，唯恐父亲有什么急需，自己不能很快地处理。曹一麟的哥哥曹一麒及弟弟曹一凤均不幸早逝，遗留下诸侄需要抚育，曹一麟一概视如己出，亲授课业，教育诸侄为人处世之道。后来长兄曹一麒的儿子曹应篪、弟弟曹一凤的儿子曹应镛也都获取了功名，进入仕途，光耀了曹氏门楣。曹一麟不仅自己以身作则，家训执行也非常严格。他平日教训族中子弟必以忠孝节义为先，除了家中男丁，妇女辈也都教之以孝悌礼让的为人处世之道，经常拿他父亲曹汝勤所编的《士女八行》一书，让族中的妇女儿童习读，令族中长辈，一一为她们讲解其中的道理。曹一麟带领家族众人，每月族中老少聚会两次，检查小辈的课业，奖罚族中善恶之行，了解族人谁家有困难需要帮助等；逢年过节，更是率族中子弟，祭告祖茔，慎终追远；族中宴饮，座次一尊少长之序。所以当地人一提起家教好的人家，无不竖着拇指称赞安丘曹氏。曹一麟在起家之初对家教家规的重视和强调，是曹氏兴起一个非常重要的因素。

（二）曹应枳父子让家产

俗语说："人为财死，鸟为食亡。"在财富面前，许多人经不起诱惑，忘记了亲情道义。而曹氏家风中有一个非常宝贵的品质，就是重义轻财。大姓家族，因为人口众多，常常要面临分家的事情。有的富贵人家，分家产时，兄弟之间为财产打破了头。而曹氏家族则因为良好的家风，每到分家时，兄弟之间就互相谦让，年长的让年幼的，身强力壮的让体弱多病的，家庭和睦，从不为家产伤了珍贵的亲情。八世曹一麟有三个儿子，长子曹应埙，字友甫，一字和甫，号肖岩，太学生，嘉靖二十八年（1549）十二月初三生，历任华阴县县丞、遵化县县丞。次子就是曹应枳，字合甫，号如岩，恩贡生，嘉靖四十一年（1562）二月二十二日生，陕西凤翔知县。曹应枳比兄长曹应埙小 13 岁，他们还有一个幼弟曹应敔，曹应埙和曹应枳成家立业后，因为家中人口越来越多，就不可避免地要面临分家析产的问题。大哥曹应埙向父亲表明决心，决定要把自己应得的一份家产让给两个弟弟。而曹应枳，作为家中次子，他既是长兄的弟弟，也是幼弟的兄长。曹应枳和儿子曹铨衡商议说，你的三叔尚未成家立业，现在分家析产，你祖父年事已高，必然担心你三叔将来的生计问题；你虽然也未成立，但你还有父亲我的照应，不必担心将来的生计。问曹铨衡能否耐得寒苦，尽自己的一份孝心，把家中值钱的家产让给三叔，让祖父不必因为分家而忧心。曹铨衡当时虽然年龄不大，也能明白，让出家产以后，自己的物质生活就也许没有现在这么宽裕了，但他还是欣然支持父亲的决定。得到了儿子的理解和支持，曹应枟决定和长兄曹应埙一起，把家中膏腴家产让给尚未成家立业的弟弟。曹应枟父子义而让产，并不是因为他们家境有多么富裕。实际上，曹应枟与他的儿子曹铨衡让产之后，父子俩人就搬出了宽敞的高屋大宅，在安丘东关城外低洼之处买地置产，建了一处狭小的房屋，安居其中。父子二人让产后并没有因为物质条件的改变磨灭情志，而是安贫乐道，承继家学，刻苦读书，勤攻举子业。曹应枟自己屡次应考，得到贡生功名，儿子曹铨衡也终从郭外寒庐中走出，成为安丘曹氏的第二代进士，历任宁晋县知县、河南汝宁府教授、国子监助教，为官清正，宦绩卓异。他的成就或许从他年少时义而让产的高风亮节中就立下根基了。

（三）曹应声重家庭礼仪

安丘曹氏不仅通过书面家规家训的制定来规范族人的行动，而且更注重道德教义的躬行和习惯的养成。曹氏自起家之初，就订立了族规，但并不是说有族规就会立刻对家族中人产生约束力，尤其对于儿童的教育，单纯的理论说教往往不见得就起到好的效果。九世曹应声有两个儿子，长子曹秉恭、次子曹秉俭。男孩子本来就顽皮，兄弟二人在一起更是常常玩闹无状，诸如吃饭的时候来不及顾及长辈抢着吃饭；玩闹的时候，大声喧哗，旁若无人；家中来了客人，也不知道打招呼问候等。曹应声看在眼里，急在心里，他就开始琢磨怎么才能让两个儿子能知伦理、懂礼仪。曹应声把自己所能想到需要教导儿子的方面都一一记下来，最后形成了一本《训儿小说》。《训儿小说》里并没有讲什么三纲五常的大道理，而是把日常生活中需要注意的点点滴滴记录在册，时时提点两个儿子，让他们明白什么是对的、应该做的；什么是不正确的、不应该做的。曹应声的《训儿小说》细致到饮食起居、言行举止的方方面面。他从生活实践中帮助两个儿子养成良好的礼仪习惯，教育内容细致到穿衣服要整齐清洁，

而不要在意衣服的昂贵华丽；出门帽子要戴端正，穿衣服要把纽扣系好；脱下来的帽子和衣服要放置在固定的位置，不要随手乱丢；鞋带要系紧，仪容要整齐；晨起一定要刷牙漱口，去过卫生间一定要洗手；家里来了客人一定要礼貌问候，热情接待；当别人有事，忙得没有空暇时就不要再找事搅乱他；为人处世，不能听见别人说自己的不对就生气，说自己的优点就高兴，要实事求是，做真实的自己；不要揭别人的短处，别人告诉你的秘密不想让人知道，就要信守承诺不要说出来等。曹应声指导儿子们日常言行举止的教导看上去都是些不起眼的小事，可是仔细想想，这些教义字字珠玑，给我们当代的家庭礼仪教育提供了很好的行为规范。那么曹应声家庭礼仪教育效果如何呢？事实证明是很成功的，当时安丘有个名士张贞和曹应声是好朋友，张贞留下的著述很多，其中就有一段记述了他有一次到曹应声家做客的见闻。张贞有一年冬天到曹应声家里去拜访，接待他的是曹应声的两个儿子。只见这兄弟二人仪态举止端庄有礼，坐有坐相，站有站相，衣着整洁，神清气爽，整个待客的过程，没有世家子弟的倨傲，也没有疲惫颓废之态，这让张贞很是欣赏。他不禁询问起，兄弟二人怎么会有如此好的家教，结果曹应声拿出了自己的教子秘诀《训儿小说》，张贞一翻看，才知这本句句都是寻常之语的小册子，却蕴含着家庭伦理礼仪的大道理，真不失为一本教子育儿的宝典。

（四）曹贞吉苦读承家风

　　曹贞吉，字迪清，一字升六，别号实庵，生于明崇祯七年甲戌（1634）正月二十二日，卒于清康熙三十七年戊寅（1698）十一月四日。曹贞吉是曹氏家族的杰出代表人物，他不仅官至安徽同知，而且在清代文坛也享有盛誉，在清代词坛上与纳兰性德、顾贞观并称"京华三绝"。曹贞吉能取得这样的成就，并不是一帆风顺的，如果不是曹贞吉不畏挫折、坚持不懈的勤读精神，也许他连科举功名都不能获得，更不用提后来的官运亨通和诗词成就了。曹贞吉是家中长子，他年仅 9 岁时，父亲在战乱中罹难，由母亲一人把他们兄弟二人抚养长大。振兴家族的重担自然而然地落在了曹贞吉兄弟身上，他身为长子，更是被家族寄予厚望。因此曹贞吉自幼立志于仕途，期待能通过科举光耀门楣。可是自顺治八年（1651）第一次到省城济南参加考试，一直到康熙二年癸卯（1663）以山东乡试第一中举，曹贞吉屡考屡败，困顿于科场 12 年。曹贞吉还有一个比他更聪慧的弟弟曹申吉，比他小一岁，却比他早中科举，早入仕途。当曹贞吉为考中进士埋头苦读的时候，曹申吉已经在朝廷中官至三品，这给身为兄长的曹贞吉带了更大的压力。期间，每有人提及科举，曹贞吉经常羞愧得满脸通红，甚至有时候连家门都不愿出。但曹贞吉又不甘于碌碌无为，为摆脱屡试不第的情状，复习科考期间，甚至多年放弃自己喜爱的诗文创作。一直到后来考中进士，他才重新开始致力诗词，并取得了很大的成就。曹贞吉科考每失败一次，就反省自己之前做的文章，尽焚旧编，重新埋头书斋，继续寒窗苦读。曹贞吉挣扎于科举路上多年，终于于康熙二年癸卯（1663）中解元，康熙三年甲辰（1664）以第三甲第 83 名联捷进士，时年 30 岁，多年的苦读与煎熬终得报偿。曹氏家族崇文尚儒，读书勤学是一辈辈曹氏族人自觉遵循的家风。读书一是为承家业，二是为了经国济世，不论遇到多少困难，读书一事也是坚决不能放弃的，曹贞吉就是曹氏勤学苦读家风的一个好榜样。

（五）曹霑避嫌辞考

明清时期，读书人要实现自己的人生价值，可不像今天这样有很多条道路可以选择，他们往往只有一条路可走，就是"学而优则仕"，读书读好了就要去做官。怎么才能做官呢？那就要参加科举。科举是封建王朝通过考试选拔官吏的一种制度，从隋代开始实行，到清光绪年间废止，一千三百多年都是读书人进身的主要途径。封建时代，科举的录取人数比今天的高考少多了，进士及第是一件很难的事情，唐代起就流传这样的说法："三十老明经，五十少进士。"就是说五十岁考中个进士，都算是年轻的进士了。因此，为了能考中科举，士子们也是想尽了各种办法，托熟人、找代考、考场作弊的事情都有。虽然只要东窗事发，就会受到非常严厉的处罚，但对功名的渴望，还是难以禁止许多不良考生蠢蠢欲动的心。可是也有正直无私的士子，无论如何也绝不徇私舞弊，曹贞吉的二儿子曹霖就是这样一个让人称道的考生。康熙二十年辛酉（1681）曹霖去参加乡试，曹霖出身科举世家，自幼就勤学苦读，想着将来能继承家业，高中科举。清代乡试每三年才举行一次，机会非常难得。然而曹霖在赴考的路上，听说当年乡试的主考官是曹禾，副主考官是林尧英，立即掉头驰归，回家不考了。原来曹禾和林尧英都是曹霖父亲曹贞吉的挚友，曹霖为了避谦决定不考了。曹禾，字颂嘉，号峨嵋，江苏江阴人，康熙三年（1664）与曹贞吉中同榜进士，又与曹贞吉同官内阁中书，并且二人诗词唱和，同列清初有名的诗人团体"金台十子"。林尧英，字蜚伯，号澹亭，福建莆田人，清顺治年间进士，也与曹贞吉同朝为官，诗词唱和，同列"金台十子"。有父亲的这样两位挚友作主考官，一方面，两位主考官要是知道了自己好友的儿子参考，难免不起偏袒爱护之心；另一方面，即使两位主考官公正无私，但在他人看来，也难保不会疑心两位主考官有徇私之嫌。曹霖决定义而辞考，一是保护了两位主考官的清誉；二是他自己也不想作弊，他要完全凭借自己的真才实学获得功名，光宗耀祖。通过科举入朝为官是封建时代许多士子所向往的，也是像曹氏这样的文化世家大族对于家族成员的期待。然而科举之路却异常艰辛，十年寒窗苦，一卷定终身，为了挤过科举这座独木桥，许多人甚至不惜作弊贿赂，更希望朝中有人相助，然而在科举功名与忠贞诚信之间，不同的人却选择了不同的答案。曹霖义而辞考，展现了他正直高贵的人格魅力，不愧是秉承忠信家风的曹氏子弟。

（六）曹锡田与卧牛廉石

曹氏第十四世曹锡田，字建福，号琴舫，安丘东关村人，生于乾隆四十三年（1778）九月一日，卒于咸丰十年（1860）十一月二十二日，享年83岁。这在封建时代，可是个难得的高寿年龄。曹锡田的福寿与他的一身正气、恬

淡性格是有密切关系的。曹锡田自幼勤奋好学，嘉庆九年
（1804）乡试考中甲子科举人，嘉庆二十二年（1817）中丁
丑科两榜进士，被嘉庆皇帝诏命为湖北省巴东县知县。巴东
县濒临长江，是个鱼米之乡，老百姓多以打鱼为生。曹锡田
到任之前，那里有个不成文的惯例，就是新知县上任，各船
埠要集资赠送财物，欢迎新官上任。曹锡田一到任就下令禁
止了这一陋习，不仅如此，他还革除了许多不合理的税收弊
政，减轻渔民负担。为了方便渔民诉讼，曹锡田在江边结
排连筏，架设帷帐，名之为"帆下琴舫"，在里面接受状子，
为百姓决断狱讼。于是在巴东的江边常常出现这样的情境：
黄昏夜静之时，在稀疏的芦荻蓼花丛中，渔火明灭，隐隐
从"帆下琴舫"中传出对簿公堂的审案之声，外面万艘渔篷，
倾听判词，无不心悦诚服。曹锡田还常常乘卧篷船出巡，沿
路听断，案子不分大小，甚至老人、妇女、儿童的口舌之
争，都一一为之调解断案。每当夜深吏散，曹锡田则在明月
下泛舟江中，击棹为节，悠然吟唱，与渔民的短笛渔歌相应
答，怡然自乐。曹锡田所写的诗集名之《琴舫集》，可见他
对民生民情的关注和用心。任巴东知县数年后，曹锡田接诏
改任湖北兴山县知县。他出任巴东知县期间，布衣粗食，生
活俭朴，清正廉洁，两袖清风。临行时，曹锡田仍保持了他
一贯的作风，低调行事，不惊扰百姓，与家人带着简单的行

卧牛石，曹锡田遗物

安丘卧牛石背面

李就直奔码头了。可是等他到了码头，却发现那里早已站满了送行的百姓。老乡们一看曹锡田清寒的行囊，更是为他的廉洁感动。可是大家也素知曹锡田的为人，知道他不会收取任何财物，所以百姓们只赠送了曹锡田一块颂扬他廉洁奉公的匾额，上书"琴舫秋水"四个字，比拟曹锡田为官清廉如水。老乡们问曹锡田："曹大人治理巴东多年，最喜欢这里的什么特产啊！"曹锡田随口说："我就喜欢咱们这里的草鞋和东山上的那块卧牛石。"告别巴东父老后，曹锡田不久就厌倦了官场倾轧，弃官归家了。回乡后，杜门谢客，只以吟诗作赋，怡情乐性。谁知一年后，卧牛石与草鞋就运抵了曹锡田家门。这一块卧牛石长 3.4 米，宽 1.02 米，高 1.2 米，重约 6 吨，灰色石灰岩石质，酷似一只卧睡的大耕牛。湖北巴东距山东安丘有千里之遥，在当时的运输条件和道路状况下，这一运输工程的完成真是堪称奇迹，由此可见巴东父老对曹锡田的敬爱之情。曹锡田为自己随口说出的一句话懊悔不已，但同时也为巴东父老的心意所感动，他收下了卧牛石，把它放在自家花园内，并亲题"小巫峡"三个字，镌刻在石头上，以表示不忘记巴东父老们的一番深情厚谊。曹锡田与卧牛石的故事，在当时被传为佳话，一直流传至今。这块卧牛石也作为这一故事的见证，为历代文人墨客所观赏，现在石上镌刻着多处题字，如"水天一色"、"有扶鳌之力"、

"以云水心结名士缘"、"峡江牧人粹笔"、"作扫壁人"、"布衣吏"、"相知在半儒半吏半俗半僧之间"、"鲸云"等，记载着人们对卧牛石和曹锡田品格的赞赏。现在这块卧牛石存放在安丘市博物馆，石牛见证了几百年的世事变迁，仍然安静地卧睡在那里，无声地向人们诉说着一个动人的官民鱼水情的故事。

结　语　优良家风与家族兴隆

优良的家风不仅影响个人的成长发展,对一个家庭和家族的兴旺发达更是至关重要。一个家族的兴起过程同时也是优良家风的培育和形成过程,而一个家族能保持长久的兴隆,也往往是因为后辈子孙传承了家族的优良家风。安丘曹氏家族在明中叶兴起之初,就是靠世代先祖的砥节砺行,定家规,严家训,来完善族人的道德品行,形成了曹氏家族的优良家风。俗话说没有规矩不成方圆,家风就是家教门风,它看似无形,却是督促家族成员遵规守矩的道德准则。俗语说:"好的一门子,歹的一家子。"在一辈辈人的身体力行中,家风潜移默化地影响着家庭成员的生长。优良的家风培育了优秀的家族继承人,维系了家族的兴旺发展。

中国传统文化世家以儒家文化为核心,形成了积极向上、以善为美的家风传承。安丘曹氏在家族教育中始终把德

育放在第一位，特别强调德行的重要性，曹氏家族家风中有许多优秀的品格，诸如重孝悌、讲节义、尊亲睦邻、勤俭持家、乐善好施、忠诚厚道等，这些为人处世的伦理道德规范构成了曹氏的家风。质朴淳厚的家风不仅使曹氏家族的直系血亲和睦融洽、互帮互助、富有凝聚力，而且乡亲邻里之间，也会由倾慕而效仿。一家一族的家风也能化育乡里，形成良好的社会风气。

曹氏家族家风不仅重视德行的培养，同时也看重才识，追求德才兼备。曹氏家族把读书承家学放在非常重要的位置。曹氏先祖由农耕发展到科举文化世家，正是从进入学堂，读书力学开始的。曹氏能历明清两朝仍保持家族的兴隆，也是因为家族中人从未放弃读书致学，不论是承平时期还是战乱之际，读书承家学是曹氏家族成员一辈辈放在首位的家族责任。逢太平盛世，读书事业使曹氏家族科举连绵，仕宦发达，达到了家族发展的鼎盛；逢易代乱世，家族命脉衰微之际，苦读成为曹氏家族重新崛起的动因和契机。书籍是人类进步的阶梯，对于一个文化世家来说，勤学苦读也正是家族发展进步的途径。

家庭是社会的细胞，文化世家用宗族凝聚力维系氏族的发展，而国家和社会的和谐正有赖于家庭的稳定与兴隆。古人讲修身、齐家、治国、平天下，讲"忠臣出于孝子之门"，都是探讨家与国的联系。家有殷实，国才有富足；家有孝子，国才有忠臣；家有人才，国才有栋梁。优良的家风，成就一姓之兴盛，众多有优良家风的家族，成就一国之兴盛。安丘曹氏秉承忠信之旨，家族中出了许多为国为民的清官廉吏，他们居家能行孝悌之德，出仕兼具治世之才。既光耀了曹氏门楣，也造福了一方百姓。

曹氏家族作为山东文化世家较有代表性的家族，其家族教育和家风与齐鲁文化息息相关。齐鲁文化作为中华民族传统文化的精华和核心，其思想内蕴丰富博大，曹氏家族的家学门风深烙着齐鲁传统文化的印记。其中重孝悌天伦、崇尚节义、忠诚守信、刚健进取、经世致用、崇文尚儒等文化精神，至今仍是具有生命力的，是值得后人借鉴和学习的优秀文化传统。当然，处于封建体制之下的传统文化世家，其门风族规又不可避免地带着封建道德伦理的痕迹，是今天的精神文明建设应当改造或摒弃的部分。总之，用科学而审慎的态度对待传统文化精神遗存，方是让传统文化真正为我所用的正确途径。

附

录

（一）安丘曹氏族谱世系

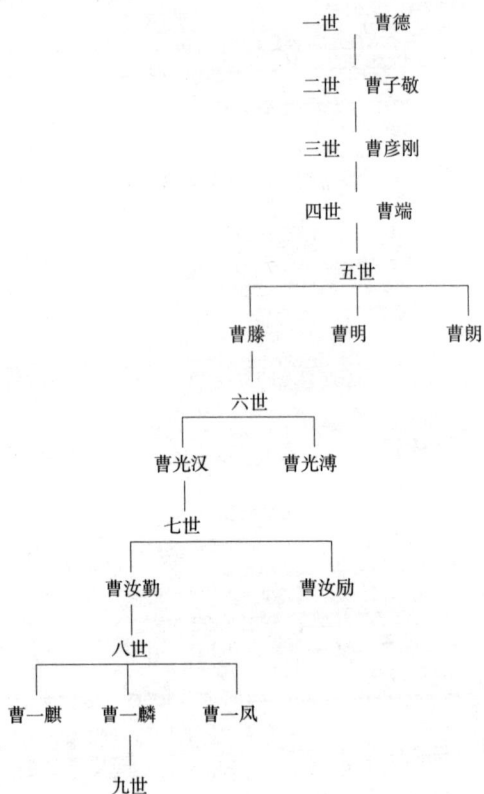

一世　曹德

二世　曹子敬

三世　曹彦刚

四世　曹端

五世

曹滕　　　曹明　　　曹朗

六世

曹光汉　　　曹光溥

七世

曹汝勤　　　曹汝励

八世

曹一麒　　曹一麟　　曹一凤

九世

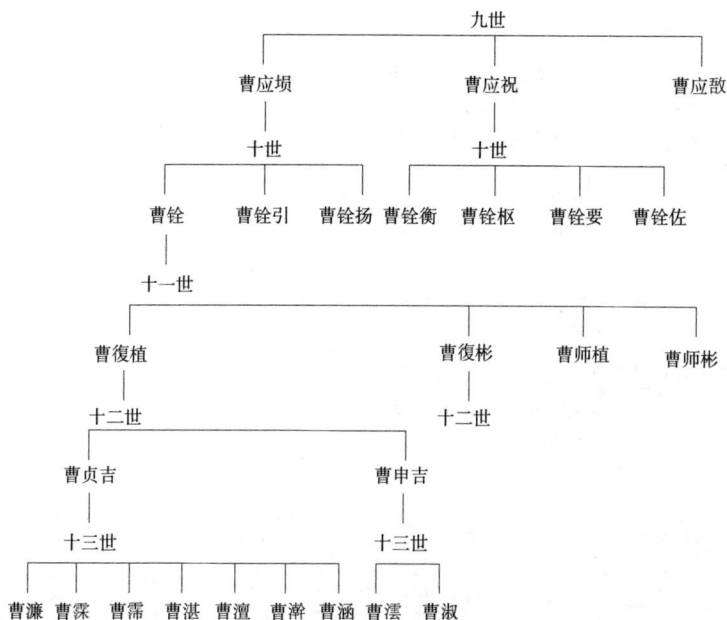

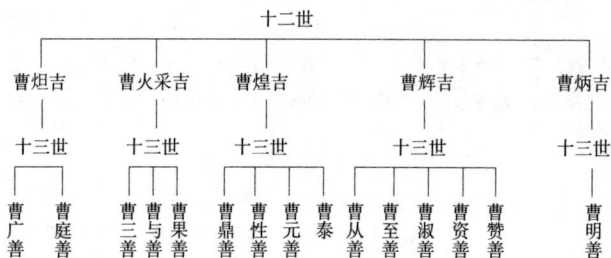

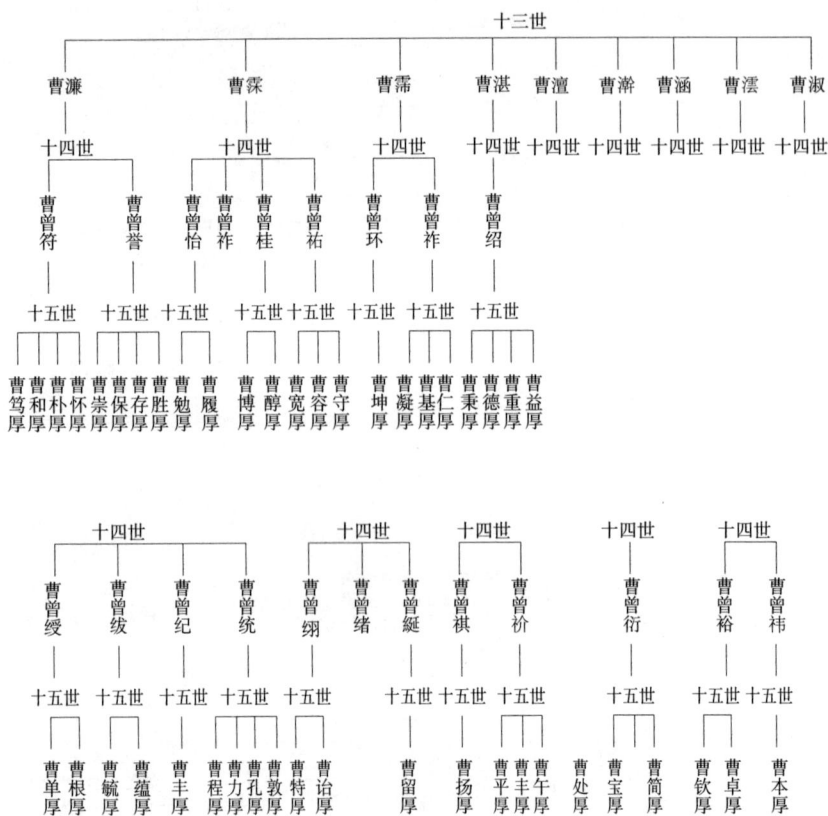

十三世

曹濂　　　曹霖　　　曹需　　曹湛　曹澶　曹渰　曹涵　曹澧　曹淑

十四世　　　　十四世　　　　十四世　　十四世　十四世　十四世　十四世　十四世　十四世

曹曾符　曹曾誉　曹曾怡　曹曾祚　曹曾桂　曹曾祐　曹曾环　曹曾祚　曹曾绍

十五世　十五世　十五世　十五世　十五世　十五世　十五世　十五世

曹笃厚　曹和厚　曹朴厚　曹怀厚　曹崇厚　曹保厚　曹存厚　曹胜厚　曹勉厚　曹履厚　曹博厚　曹醇厚　曹宽厚　曹容厚　曹守厚　曹坤厚　曹凝厚　曹基厚　曹仁厚　曹秉厚　曹德厚　曹重厚　曹益厚

十四世　　　　　　　　　　　十四世　　　　十四世　　　　十四世　　　　十四世

曹曾绶　曹曾绂　曹曾纪　曹曾统　曹曾绹　曹曾绪　曹曾綖　曹曾祺　曹曾价　曹曾衍　曹曾裕　曹曾祎

十五世　十五世　十五世　十五世　十五世　　　十五世　十五世　十五世　　十五世　　十五世　十五世

曹单厚　曹根厚　曹毓厚　曹蕴厚　曹丰厚　曹程厚　曹力厚　曹孔厚　曹敦厚　曹特厚　曹诒厚　曹留厚　曹扬厚　曹平厚　曹丰厚　曹午厚　曹处厚　曹宝厚　曹简厚　曹钦厚　曹卓厚　曹本厚

十三世　　　　十三世　　　　　　十三世

曹广善　曹庭善　曹三善　曹与善　　曹果善　曹鼎善　曹性善　曹元善　曹泰

十四世　十四世　十四世　十四世　　　十四世　十四世　十四世　十四世　十四世

曹　曹　曹曹曹曹曹曹曹　曹曹曹曹　曹曹曹曹曹　曹　曹曹曹　曹　曹
撄　振　良宸衷畏肃温近震艮　已禾谦稑和秉　慇宪慇愙愈让　行　纹鸣经　抡　绮
　　　　姓姓姓　　　生　　　　生　　　　　　　生　　　　　士

十三世　　　　　　十三世

曹从善　曹至善　曹淑善　曹资善　曹赞善　曹明善

十四世　十四世　十四世　十四世　十四世　十四世

曹　曹　曹曹曹曹曹曹曹曹曹曹　曹曹曹　曹曹曹
赓　寅　雍亶辛见登人攀夔用化敷　玉锡文　元成云
　　　　龙龙龙龙龙龙龙钧　田田田　龙龙龙

十五世　　　　　　十五世　十五世　十五世

曹　曹　曹　曹　曹　曹　　曹　曹　　曹　　曹　曹
瑞　文　卿　淑　石　蕴　　鑑　鐶　　敬　　心　寿
霈　瀚　蕾　泗　民　璞　　　　　　　　治　　镜　镜
　　　　　　　春
　　　　　　　浦

十六世　　　　十六世

曹曹曹　曹曹曹曹
尊钟官　贤异琴农
彝彝彝　书书书书

171

（二）曹氏家训节选

各孝尔父母，各敬爱尔兄长，各畏官法，各睦宗族。

——曹一凤《宗说》

信朋友、顾贫穷、恤孤独、崇谦逊、尚节俭、谨言语，培养仁厚之风。

——曹一凤《宗说》

毋酗酒、毋溺色、毋好斗、毋欺证、毋崇邪教、毋幸人之危、毋听妇人之言而伤骨肉之心。各勉力去恶从善，以保尔先业。

——曹一凤《宗说》

学而有用者，有司举之则仕，仕不期大官，毋欺君，毋怀利，毋伐功，毋挤僚辈，毋党上官而草视庶民。

——曹一凤《宗说》

毋贪重利，毋履险途，毋习为市井之态而不良。

——曹一凤《宗说》

勿恃贵而凌贱，勿以富而欺贫。

——曹淑敬《曹氏族谱序》

勿诈谖，勿游惰，勿废诗书，勿以刻薄待人，勿以骄侈败己。

——曹会状《曹大章行状》

有是谱而溯其源流，可以明统系焉。考其秩叙，可以明尊卑焉。镜其盛良，可以崇礼让焉。统系明，则知敬祖。尊卑别，则知睦宗。礼让崇，则知厚俗。如此，则忠厚之心日生而嚣凌之渐不作，朴者安于田亩，而秀者进于诗书，晓然于木之有本，水之有源，无相淆也，无相忘也。庶于我先人仁厚之风其无忝矣，凡我族人，期敬之哉。

——曹申吉《安丘曹氏族谱序》

勉自树，亡令家声坠。

——刘应节《曹汝勤墓志铭》

编辑主持：方国根　李之美

责任编辑：武丛伟

版式设计：汪　莹

图书在版编目（CIP）数据

安丘曹氏家风／赵红卫　著 . –北京：人民出版社，2015.11

（中国名门家风丛书／王志民　主编）

ISBN 978 – 7 – 01 – 015099 – 4

I.①安…　II.①赵…　III.①家庭道德 – 安丘市　IV.① B823.1

中国版本图书馆 CIP 数据核字（2015）第 173540 号

安丘曹氏家风
ANQIU CAOSHI JIAFENG

赵红卫　著

人民出版社 出版发行

（100706　北京市东城区隆福寺街 99 号）

北京汇林印务有限公司印刷　新华书店经销

2015 年 11 月第 1 版　2015 年 11 月北京第 1 次印刷

开本：880 毫米 × 1230 毫米 1/32　印张：5.875

字数：103 千字

ISBN 978 – 7 – 01 – 015099 – 4　定价：20.00 元

邮购地址 100706　北京市东城区隆福寺街 99 号

人民东方图书销售中心　电话（010）65250042　65289539